Copilot 和 ChatGPT 编程体验：
挑战 24 个正则表达式难题

[美] 大卫·Q. 默茨(David Q. Mertz)　著

郭涛　　　　　　　　　　　译

清華大学出版社
北　京

北京市版权局著作权合同登记号 图字：01-2023-3563

David Q. Mertz
Regular Expression Puzzles and AI Coding Assistants
EISBN: 978-1-63343-781-4
Original English language edition published by Manning Publications, USA © 2022.
Simplified Chinese-language edition copyright © 2022 by Tsinghua University Press
Limited. All rights reserved.

图书在版编目(CIP)数据

Copilot 和 ChatGPT 编程体验：挑战 24 个正则表达式难题/(美)大卫·Q. 默茨
(David Q. Mertz) 著；郭涛译. —北京：清华大学出版社，2023.9
书名原文：Regular Expression Puzzles and AI Coding Assistants
ISBN 978-7-302-64401-9

I. ①C… II. ①大… ②郭… III. ①人工智能—程序设计 IV. ①TP18

中国国家版本馆 CIP 数据核字(2023)第 152085 号

责任编辑：王 军
装帧设计：孔祥峰
责任校对：成凤进
责任印制：丛怀宇

出版发行：清华大学出版社
　　　　　网　　址：https://www.tup.com.cn，https://www.wqxuetang.com
　　　　　地　　址：北京清华大学学研大厦 A 座　　　　邮　　编：100084
　　　　　社 总 机：010-83470000　　　　　　　　　邮　　购：010-62786544
　　　　　投稿与读者服务：010-62776969，c-service@tup.tsinghua.edu.cn
　　　　　质 量 反 馈：010-62772015，zhiliang@tup.tsinghua.edu.cn
印 装 者：大厂回族自治县彩虹印刷有限公司
经　　销：全国新华书店
开　　本：148mm×210mm　　　印　　张：4.375　　　字　　数：143 千字
版　　次：2023 年 11 月第 1 版　　　印　　次：2023 年 11 月第 1 次印刷
定　　价：49.80 元

产品编号：102757-01

Amazon 读者书评

☆☆☆☆☆ 有趣且富有洞察力。

——Robert Vanderwall

本书风格新颖，反映了一些正则表达式难题的严肃性和难度。本书非常有趣的一个方面是列出了 AI 生成的代码。作者研究了一些工具，探索了它们的优缺点，并就如何最合理地提出问题/写出查询以获得最佳解决方案给出一些非常实用的建议。有几个例子难度很大，我甚至质疑试图用正则表达式解决这些问题的人的理智程度。但反过来说，如果你能解决高难度的问题，将证明你的工具锋利无比。

虽然 AI 工具非常有用，但你不能只是复制和粘贴 AI 的解决方案。需要对 AI 解决方案加以调整，尤其要对边缘情形进行测试。对于那些经常使用正则表达式的人来说，本书将帮助他们加深理解程度。

☆☆☆☆☆ 深思熟虑，妙趣横生！

——J. T.

讨论了最新 AI 版本如何使用大型语言模型数据库来处理模式匹配难题。这不是一本参考书、教程，甚至不是一本关于正则表达式或 AI 模型的教学指南；相反，本书对 AI 的现状进行了发人深省的探讨。

关于正则表达式和深度学习语言模型的入门书籍似乎无穷无尽，但大多数枯燥乏味。本书为那些想要进一步了解 AI 编程助理现状的程序员而作，但任何有兴趣了解计算机如何"思考"的人都会喜欢本书。在解决本书中的难题期间，读者不仅会加深对内容的理解，还会提高自己的思考能力。

⭐⭐⭐⭐⭐ 对正则表达式的有趣探索。

—— Bob Quintus

这是一本有趣的书。附录中有一个正则表达式教程。正则表达式使用起来相当深奥和复杂，但对于涉及模式匹配的任务来说，它是程序员工具箱中一个方便的工具。

本书的一个目标是用正则表达式解决难题。介绍一个难题后，作者会提出解决方案，然后分享所使用的 AI 助手的解决方案。我过去用过模式匹配，但绝非专家；我觉得本书靠前的题较易理解和解决，而后面的题越来越难，令我感到惊讶。我对正则表达式(如查找)中包含的一些功能感到惊讶，也更加欣赏正则表达式的有效性。

本书的另一个明确目标是对比 AI 与人类对难题的反应。作者使用了 GitHub Copilot 和 ChatGPT。这很有趣，因为今天有很多关于 AI 助手的新闻，我一直很好奇它们是如何与人类匹配的。根据作者的经验，AI 助手似乎可很好地处理更琐碎的编程任务。总的来说，AI 助手在用正则表达式解决难题方面不如 David；但也有例外，AI 的递归解决方案非常优雅，超过了 David。我认为，从这些例子中总结的教训是，你需要对 AI 解决方案持怀疑态度，并确保自己理解正在解决的问题，并充分测试解决方案，以最大限度地减少意外和错误行为。

⭐⭐⭐⭐⭐ 介绍如何处理正则表达式难题。

—— ●Elias Rangel

本书是正则表达式编程和 AI 辅助编程的入门书籍。如果这是你第一次使用正则表达式，可参阅附录。这些难题十分有趣，你从中学到的技巧对解决其他类型的问题很有用。

阅读本书，分析 AI 处理正则表达式难题的能力，可让我们客观看待 LLM 编程助手解决此类问题的局限性。我使用了 ChatGPT，得到与本书所列类似的结果，ChatGPT 答案基本上都存在错误。

⭐⭐⭐⭐⭐　提供使用正则表达式和 AI 编程助手解决实际问题的知识。

—— Sush

本书不同于大多数正则表达式书籍，可谓是翘楚。为正则表达式提供了实用的用例，也突出了 AI 编程助理的潜力。刚接触正则表达式的开发人员可能发现跟上学习进度很有挑战性。总的来说，我认为本书对于那些对 AI 辅助编程感兴趣的人来说是一笔宝贵财富。

⭐⭐⭐⭐⭐　出类拔萃的书籍。

—— AES

我刚读完本书，我认为这是任何想要磨炼正则表达式技能和了解 AI 编程助理现状的人的绝佳资源。本书编排合理，有大量的示例和练习来帮助强化概念。书中的难题即有趣又富有挑战性，为测试你的知识和技能提供了一个绝佳机会。AI 编程助理是作者详细介绍的另一个有趣的话题，很好地解释了操作方式以及如何提高编程效率。

我特别喜欢本书的一点是它关注正则表达式在现实世界中的应用。示例和案例研究都是相关的和实用的，给我留下了很多可应用于我自己的编程项目的见解。总之，强烈建议你阅读本书。这是一本引人入胜、内容丰富的读物，对新程序员和经验丰富的程序员都有好处。

⭐⭐⭐⭐⭐　以有趣的方式将两个不同的主题结合起来。

—— Mark E. Elston

首先，这是一本关于正则表达式的优秀书籍。其次，思考过程十分有趣，有助于使用 ChatGPT 或 Copilot 等工具编写良好的查询。我对这些工具几乎没有经验，David 尝试提出问题来显示结果，此后又修改问题以获得更好的结果。洞察力在使用这些工具时是非常宝贵的。

⭐⭐⭐⭐⭐ 优秀读物。

—— John Bannister

在学习本书之前，我对正则表达式略知一二。附录是一个非常有用的补充。我从书中获得的知识远超预期，David 对 AI 编程的缺点、陷阱和优点的解释真的很棒。

强烈推荐。

⭐⭐⭐⭐⭐ 关于正则表达式的好书。

—— Tamvakis

作为一名数据科学家，我花了很多时间学习和使用正则表达式。本书是关于这个主题的极佳资源，在我的书桌上赢得了一席之地。

译 者 序

　　ChatGPT 火了，我们在担忧什么？它与通用人工智能有什么关系？为什么很多人认为 ChatGPT 是最具革命性技术之一？AI 教父 Geoffrey Hinton 关于"AI 威胁论""ChatGPT 的出现给人类到底带来了什么"等一系列主题的观点，在国内外各种会议上引发了讨论，在学术界和工业界引起了巨大轰动，很多高科技企业纷纷投入资金进行大模型研究，研发出自己的产品，来抢占下一轮科技赛道。

　　GPT 的出现不是偶然的，是必然的！

　　谈起 ChatGPT 不得不提起 GPT，ChatGPT 是基于 GPT 模型开发的一种 AI 交互智能机器人产品，可完成文案编写、代码编写和信息获取等任务。GPT 是生成式预训练模型，主要基于 Transformer，目前的最新版本 GPT 4.0 是多模态大模型的主要代表。GPT 的出现是必然的，并非偶然，主要原因有以下几个方面：①硬件的快速发展，特别是 GPU、TPU 等处理器加速了大模型的训练；②云计算和大数据技术的发展，云原生和大数据技术为大模型落地提供了基础；③海量结构化和非结构化多模态数据源源不断地产生；④深度学习、知识图谱和强化学习等 AI 技术的发展，为大模型实现提供了核心驱动力；⑤应用场景和需求为 GPT 落地提供了土壤。这些因素促进了大模型 GPT 的产生。

　　GPT 的工作机制是怎样的，为什么 AI 是一项革命性技术？

　　GPT 由 OpenAI 实验室于 2018 年提出，它是一种基于 Transformer 架构的预训练模型，通过海量文本、图像、音频和视频等训练，实现多模态融合、知识推理和发现。

　　基于 GPT 研发的产品，是拯救打工人还是让更多的人失业？

　　ChatGPT 的出现，在社会上掀起了一股潮流，认为 AI 会让更多的人失业，GPT 已超越人类的智力。译者认为，无论是 GPT，还是比 GPT 更智能的产品，这些都是人类创新成果，改变了人们的生活方式、工作方式和思维方式，我们应该大胆尝试利用这些新技术为人类服务，而不是成为技术的傀儡。治愈精神内耗的良药是人类不断刷新认知的边界，人类认知新世界的能力是 AI 技术永远无法比拟的。

GPT 技术威胁论存在吗？

的确存在。有矛就有盾。那么，人类应该怎么解决这些问题？译者认为，"打败魔法的永远是魔法"，需要从 AI 道德和法律层面来约束使用新技术的主体，同时要研发更好的技术来遏制 AI 存在的漏洞和风险。

本著作基于 GitHub 的 Copilot 或 OpenAI 的 ChatGPT，采用交互方式，实现人与 AI 之间的对战和博弈，并对 AI 的回答做了深入分析。这里，译者想提醒读者，对战和博弈不是人与 AI 的对抗，更多的是两者的思想交流，Copilot 或 ChatGPT 作为一种编程工具，来辅助人类完成更复杂的任务和计算，最终与 AI 达成"和解"。

最后，译者认为，AI 技术可能会代替人类的一些工作，甚至做的比人类要好，这是不可否认的客观事实，毕竟大模型背后是从人类已有的知识库中挖掘和分析出的结果，知识储备量远超普通人。但并不意味着人类就只能"躺平"，无能为力了；相反，我们要在利用好 AI 的基础上，对生活、学习和工作中遇到的问题进行深度思考，形成自己的认知。此外，译者建议放下 AI 助手，多出去走走，多感受大自然的美好，给自己放个假，这才是治愈精神内耗的良药。

在翻译本书的过程中，吉林大学外国语学院吴禹林参与了本书的校对和复审工作，感谢她所做的工作。最后，感谢清华大学出版社的编辑为本书做了大量的修改与校对工作，保证了本书的质量，使其符合出版要求。

由于本书的知识内容广博，加之译者翻译水平有限，译文难免存在不足之处，欢迎读者批评指正。

译 者 简 介

　　郭涛，主要从事人工智能、现代软件工程、智能空间信息处理、时空大数据挖掘与分析等前沿学科的交叉研究，曾翻译《深度强化学习图解》《AI 可解释性(Python 语言版)》和《概率图模型原理与应用(第 2 版)》等多部畅销著作。

致　　谢

感谢我的朋友 Miki Tebeka，早前他邀请我写了一本书。感谢我的朋友 Brad Huntting 和合作伙伴 Mary Ann Sushinsky，他们为难题提供了高明的见解。感谢我的同事 Lucy Wan 进行校对，找到了许多之前未发现的错别字。

感谢 Timmy Churches，他提出了许多非常好的建议。

我对 Noam Chomsky 将可计算性整理成一个层次结构的方法表示感激。

非常感激 Manning 所做的出色工作，感谢以下工作人员使本书变得更好：组稿编辑 Andy Waldron、开发编辑 Ian Hugh、制作编辑 Aleksandar Dragosavljević、技术校对员 Jeanne Boyarsky、校对员 Katie Petito、排版员 Tamara Švelić Sabljić 和封面设计师 Marija Tudor。

关 于 作 者

David Q. Mertz 是 KDM Training 公司的创始人，该合伙企业致力于向开发者和数据科学家传授机器学习和科学计算知识。他为 Anaconda 公司创建了数据科学培训计划，并担任过资深培训师。随着深度神经网络的出现，他也开始培训机器人。

他曾与 D. E. Shaw Research 共事 8 年，后者建造了世界上最快、最专业(直到 ASIC 和网络层面)的超级计算机，用于分子动力学计算。

David 曾担任 PSF 董事长 6 年，目前担任 PSF 商标委员会和科学 Python 工作组的联合主席。他撰写的专栏文章 Charming Python 和 XML Matters 是 Python 领域阅读量最高的文章。

他曾在 Packt、O'Reilly 和 Addison-Wesley 出版过书籍，并在许多国际编程会议上发表主旨演讲。他在 2021 年撰写的著作 *Cleaning Data for Effective Data Science: Doing the Other 80% of the Work* 填补了数据科学书籍中的一个重要空白。

关于封面插图

    本书封面上的插图"一场职业拳击赛"摘自 Henry Thomas Alken, Sr.于 1821 年出版的《英国国家体育》一书。Henry 的书中涵盖了 19 世纪流行的英国体育运动的图像，从捕捉鲑鱼到捕捉猫头鹰应有尽有。该书被视为 Henry 最具雄心的作品。

    Manning 出版社用图集中的图片作为封面，重现几百年前地区文化的丰富多样性，彰显当今计算机领域的创造性和主动性。

序　言

　　本书不是教程(尽管附录中附有一个)，也不是参考书目，甚至不是指导性图书。相反，本书主要提出一系列难题、想法，引发讨论并初步介绍 AI 模型的非思维性。

　　我希望你面前的这份研究成果能帮你实现一些事情，希望有助于你更深入地思考正则表达式——几乎所有程序员都对此至少有一些经验。

　　本书主要探究 AI 工具如何产出惊人结果，同时又愚蠢地导致诸多失败。在计算机编程领域，正则表达式尤其适合使用 AI 编程工具，理由将贯穿全书。

先思考，再阅读讨论

　　我希望你在阅读每个难题后能够保持克制，先自行思考，然后将目光移至后面的段落，参考作者及 AI 编程工具的想法。

前　言

正如本书的每位审稿人都强烈指出的，以及几乎每个程序员立即认识到的：每个程序员和软件开发人员肯定都在日常工作中使用过正则表达式。我不指望向我的许多读者介绍全新概念，或者至少我不期望向他们介绍"正则表达式"这个概念。

在本书中，除了正则表达式本身，代码通常都是使用 Python 编程语言编写的。在含有"AI 想法"的难题中，这一点尤为明显，这些想法是从 GitHub 的 Copilot 或 OpenAI 的 ChatGPT 中获取的。事实证明，这些工具目前经常拒绝"编写一个正则表达式来做某事"的请求，但通常很乐意接受"使用正则表达式编写 Python 程序"来完成同样任务的请求。

我在 Python 社区中已经活跃了 20 多年，因此十分喜爱该语言。但本书讨论的封装正则表达式的特定编程语言相对次要，使用其他语言的程序员可快速理解如何定义变量名、创建函数以及偶尔将正则表达式操作封装在条件 if 代码块中。所有这些简单结构在你经常使用的任何编程语言中都有非常相似的对应关系，任何读者都应该能轻松转换这些结构。

互联网上有海量关于正则表达式的入门教程。我推荐你阅读其中一些。Python 编程语言的官方文档包含了一个很好的教程。实际上，本书附录包含了我写的一个教程；根据页面受欢迎程度来衡量，多年来，该附录已成为最受欢迎的教程之一。当然，本书正文并不是这样的教程，否则将失去出版意义。

本书读者对象

本书面向好玩的程序员和希望扩展理解并重新思考假设(仅关于一些较小问题)的程序员。阅读本书前，你应该先保证能够理解和使用"正则表达式"工具。如果你对正则表达式一无所知，可先阅读附录；附录将帮助你充分理解正则表达式。

本书还适合数百万软件开发人员阅读,他们已经了解到关于 AI 编程工具的有趣而热烈的讨论,并可能已经开始使用这些工具。这些工具具有很大潜力,其实用性也将在未来不断增强;它们也有限制,即使技术改进,限制也不会完全消失。使用工具来协助编码是很好的,但有必要了解工具的适用范围和限制。

获取本书中使用的工具

Python 编程语言被用作本书中许多正则表达式示例的封装器,可以在 Python 软件基金会的官方网站(https://www.python.org/downloads)获得免费软件。各种其他组织也创建了定制的 Python 发行版,这些发行版具有与相同核心编程语言捆绑在一起的附加功能或不同的功能。实体中包括许多操作系统(过去 10 年的大多数 Linux 发行版和 macOS 以及可从微软商店获得的 Windows 版本)供应商。

Copilot 是本书中讨论的 AI 编程工具之一,可从 GitHub(https://github.com/features/copilot)获得。在撰写本书时,该服务被视为订阅服务,但可在试用期内免费使用。你需要拥有 GitHub 账户才能使用 Copilot。Copilot 与编程编辑器集成,并非独立工具;上述 GitHub 网址中包含将 Copilot 集成到 Visual Studio、Neovim、VS Code 和 JetBrain IDE 中的说明。第三方提供了将 Copilot 与其他编辑器(如 Emacs 和 Sublime Text)集成的机制。订阅 Copilot 的 GitHub 用户也可在 GitHub Codespaces 中使用它,该服务在 Web 浏览器环境中提供了一个 VS Code 版本(http://github.com/features/codespaces)。

ChatGPT 是本书中详细讨论的第二个 AI 编程工具。OpenAI 目前提供了 ChatGPT 的免费研究预览版(https://chat.openai.com/chat);很可能在未来预览期结束后,通过某种付费订阅方式提供服务。用户与 ChatGPT 交互所用的界面类似于聊天应用程序的网页。然而,一些第三方已经创建了其他机制,用其他方式通过 API 与 ChatGPT 进行通信。

其他公司和开源项目还提供与 Copilot 和 ChatGPT 行为大致相似的 AI 编程工具,包括 Tabnine(https://www.tabnine.com/getting-started)、K-Explorer(https://k-explorer.com/)和 CodeGeex(https://github.com/THUDM/ CodeGeeX)。未来一定会创建其他类似的工具。

引用作品

- David Mertz 的 *The Puzzling Quirks of Regular Expressions*(ISBN：9781312160743；2021 年 8 月)包含了本书中的难题的早期版本，但没有讨论 AI 编程工具，也没有附录中的教程。

- *Terminator 3: Rise of the Machines* 是 2003 年由 Jonathan Mostow 执导的电影。

- 虚构的日本机器人公司"思博尔公司"(Cyberdyne)出现于 Terminator 系列片中。

- *Are Friends Electric?* 是 Gary Numan 于 1979 年推出的一首歌曲。

- *Do Androids Dream of Electric Sheep* 是 Philip K. Dick 于 1968 年写的一篇短篇小说。

- "下一场战争将用棍棒和石头进行"常被认为出自 Albert Einstein 之口，指的是一场可能的核战争的后果。Einstein 确实发表过类似的明确评论，但同时期也有其他许多人发表过类似的言论。

- "我的思维正在消逝；我能感觉到"出自 Stanley Kubrick 于 1968 年执导的电影《2001 太空漫游》，由机器人角色 HAL 9000 所说。

- 《非凡的机器》是 Fiona Apple 于 2005 年推出的歌曲专辑。

- 笑话"计算机科学中有几件难事：缓存失效、命名对象和差一错误"可能出自 Tim Bray，尽管自 2014 年以来，它已经被引用多次，但实际出处仍不确定。

- 《战争的惨状》是 Gene Wolfe 于 1970 年写的一篇短篇小说。

- "我想成为一台机器"是 Billie Currie 和 John Foxx 于 1976 年推出的一首歌曲。

- "扑克脸"是 Lady Gaga 于 2008 年推出的一首歌曲。

- 《自然界的分形几何》是 Benoît Mandelbrot 于 1982 年所著的一本书。

- J.B.S. Haldane 的一个评论很著名：如果上帝创造了地球上的所有生物，那么他一定对甲壳虫有"异常的偏爱"。但是，考虑到地球上大约 80% 的动物是线虫，我认为 Haldane 所说有误。

- "学习使用正则表达式"是 David Q. Mertz 之前编写的在线教程，其中包含本书附录中的大部分内容。

目　　录

第1章

概 述

本书涉及两种非常不同的事物，我相信大多数读者会感到十分新奇。一方面，这是一本难题书，旨在比教程或参考资料更"新颖"和"有趣"。然而，我选择的难题应该让初学者和有经验的正则表达式用户开始考虑其中可能和不可能的事情。本书也有一个重要的教育意图：如果你能解决这些难题，我希望你能以不同方式思考，从而获得更大成效。

另一方面，在过去的几年里，甚至只是在过去的几个月里，出现了另一个耐人寻味的难题，这个难题同样普遍困扰着计算机程序员。我称为"AI 编程工具"的一类软件经常可以代替程序员编写代码，这些代码既令人惊讶，又往往很愚蠢。我选择了目前最流行的两个工具——Copilot 和 ChatGPT；希望这些一般性讨论有助于你以后处理任何类似的工具，无论它们被重新包装、更新还是增强。

AI 编程工具——你可能会在其他书籍、文章、新闻稿等材料中看到各种其他命名方式——是可以协助软件开发人员编写代码的软件工具。前言中包括安装这两个工具的说明和链接以及其他一些工具。

AI 编程工具的典型操作是允许开发人员编写注释，描述他们希望一个函数、类、结构或模块完成的任务，然后让 AI 编写代码，尝试实现所述的目标。我用"功能单元"一词来泛指专门用于特定目的的代码集合。

注释或提示语可以简单地用自然语言(在本书中为英语)编写，而不使用某些领域的特定语言。对于 AI 编程工具和之后将使用你的代码的人类程序员来说，好注释的标准完全相同。这些工具的相关操作模式允许人类开发者编写他

们希望创建的部分代码，但让 AI 补充该功能单元中缺少的部分。在某种程度
上，这些 AI 编程工具也可以获取功能性代码，并提供人类未能编写的缺失文
档，以描述该功能单元的目的。

在撰写本书时，这些 AI 编程工具使用非常大的神经网络，位于远程服务
器上，服务器由创建它们的组织进行维护和管理。驱动这些 AI 的底层引擎不
会驻留在本地开发者工作站上，出于以下原因：模型很大，模型的训练方式大
多数是专有且机密的，开发者希望执行许可证和订阅条款，需要具备有效计算
能力的专用硬件。当你使用其中一个 AI 编程工具时，你的编程编辑器、网页
或其他接口通过互联网向这些服务器发出请求，并通过插件将响应集成到熟悉
的本地接口中。这意味着你需要互联网和许可证才能利用这些工具。

1.1　关于正则表达式

正则表达式——有时也表示为逆构词 regexen 或更中性的 regex——是一种
用文本描述模式的强大而简洁的方式。

本书附录包含一个简短教程，面向已开始使用正则表达式工具但对其复杂
性还不太熟悉的用户和程序员。即使是曾经用过正则表达式的用户，若忘记了
一些细节，也可通过附录进行回顾。

读完该教程后，你仍无法成为使用正则表达式的专家。但是，该教程辅以
大量不同情况下的应用练习；做完这些练习，足以让你成为专家。正则表达式
的概念非常简单而强大，应用时需要付出一番努力。

本书描述正式定义后便开始介绍难题。使用 regexen 时，你会发现微妙的
陷阱。一个看似匹配某一条件的模式实际上与你的预期略有不同。或者，匹配
模式可能具有"病态"行为，并且需要很长时间。或者，有时较简洁的模式将
更清楚地描述你想要匹配的内容。

许多编程语言、库和工具支持正则表达式，所使用语法的差异较小。这样
的软件包括 grep、sed、awk、Perl、Java、.NET、JavaScript、Julia、Go、Rust
和 XML Schema 等。

对于本书，将使用 Python 来提出这些难题。具体而言，将使用标准库模块
re。在提出和解释难题时，经常会使用代码示例；当我希望显示代码输出时，示例

会模拟 Python shell，带有以>>>开头(或以...结尾)的行。输出会被回显而不带提示符。如果代码定义的函数不一定在提及时执行，则只显示纯代码。

在阅读本书时，我强烈建议你维护一个交互式 Python 环境。许多工具都可以实现这一点，例如 Python REPL(读取-评估-打印-循环)本身、IPython 增强型 REPL、Jupyter notebook、Python 附带的 IDLE 编辑器，以及现代代码编辑器和 IDE(集成开发环境)。还有几个在线正则表达式测试工具可用，但这些工具不会捕获 Python 调用的详细信息。每个难题后都会有解释，但在阅读之前先尝试用代码解决问题，你会有所收获。

1.2 编程机器的崛起

要想使用 AI 编程工具，你不必了解深度神经网络的复杂数学和设计。机器学习是一个复杂的主题，关于此主题有许多内容丰富的书籍。对机器学习感兴趣的人可以了解 AI 编程工具的工作原理细节及其将来可能的工作方式。

随着大规模语言模型(Large Language Model，LLM)的崛起，编码工具编写代码和文档的能力已经在 2023 年 1 月达到相当出色的水平。我个人在 2019 年首次尝试了一个名为 Tabnine 的系统(截至本书撰写时，仍可用，并且已经大幅更新)。自 2021 年以来，GitHub Copilot 的影响更加广泛而复杂。2022 年末，OpenAI 发布了 ChatGPT。在撰写本书时发布的是一个名为 PaLM+RLHF-Pytorch 的开源项目。未来几个月乃至几年内，一定还将发布更多类似的产品或项目，并且提到的这些产品可能会经历改名和基础核心技术的变化。

这些工具中有许多都基于 OpenAI 的生成式预训练 Transformer 系列 GPT-n，这些系列在数十亿个文本上进行训练，并利用数千亿个系数(连接权重)，以便对文本输入产生"类似人类"的文本响应。特别是对于这些 AI 编程工具，这些神经网络模型——在撰写本书时的最新一代是 GPT-3——通过人类评估者完成的强化学习，以及通过将大量编程语言代码堆叠分层来微调基础 LLM，从而进行专门处理和调整。

对于当前一代 AI 编程工具，其基本技术可以追溯到 2017 年的学术论文，该论文将大量研究重点转移到 Transformer 深度神经网络。本书并不预测新的 AI 技术是否会使用不同的技术，但可以确定未来的机器通常会继续改进现有的机器。

正则表达式为 AI 编程工具提供了一个有趣的挑战，本书中有一部分内容将解决这个问题。与其他类型的编程代码相比，正则表达式是非常密集而简洁的表达式，其隐含的状态机中非常微小的差异可能极大地改变正则表达式的功能。在正则表达式中，一个单独字符的改变可能产生一个语法上有效的正则表达式，在某些情况下甚至可做一些实际有用的事情，但并没有实现当前的精确目标。

标记化策略

本书中讨论的某些(也许是许多)失败情况反映了 GPT-3.5 使用的标记化策略。具体来说，它很可能是字节对编码的一种变体(https://en.wikipedia.org/wiki/Byte_pair_encoding)，效果是创建一个字典，主要由词根或整个单词组成，而不是单个字符的转换。对于一般散文来说，这正是人们想要的。对于像正则表达式这样密集的基于字符的编码，或者类似于 APL、J、K、A+或 Q 这样密集 的 编 程 语 言 ， 以 及 许 多 " 复 杂 难 懂 的 编 程 语 言 " (https://en.wikipedia.org/wiki/Esoteric_programming_language)，标记化模型会对 AI 编程工具的有效性产生负面影响。未来的大型语言模型(如基于 GPT-4 的模型)可能将消除其中的某些限制。

对于本书中的难题，通常稍有差错的方法似乎可以起作用，但在需要对正则表达式进行细微理解的极端情况下会失败。本书将讨论 AI 何时能捕捉到这种细微之处，以及何时失败；将尝试解释为什么会成功和失败，并与读者分享我的思考。

提示：

> 未来已来，只是分布不均。
>
> ——威廉·吉布森(《经济学人》杂志，2003 年 12 月 4 日)

在了解我所提出的"机器正则表达式"之前，有三点注意事项。第一是在你阅读本书时，机器肯定比我撰写此书时"更好"，即使你仅在我写完几天或几周后阅读仍然如此。这些技术背后的所有公司和组织都在不断地重新训练和改进其 AI 编程工具。

第二个注意事项是，我本人虽为作者，可能也无法想出从 AI 中获取改进的响应的最佳提示语。在撰写本书的过程中，我尝试了各种表述提示语的方式，但我肯定没有穷尽所有可能的提示语。表述提示语的微小变化可能导致这些 AI 产生的结果发生巨大变化。

第三个重要的注意事项是，这些 AI 编程工具通常对上下文敏感。如果你正在处理的代码文件已经包含了一些相关功能，甚至仅仅是一个选择的变量和之前定义的函数名称，AI 将修改其结果。或同理，在 ChatGPT 的"在线聊天"界面中，对之前提示语的响应将影响未来的响应(有时影响较小，有时影响巨大)。

在对 AI 编程工具建议的讨论中，我经常省略样板，如 import re 或 AI 建议的变量名称。这些对于开发人员肯定是有用的，但无益于评估 AI "找到正确正则表达式"的基本能力。许多情况下，我已经修改了代码以适应本书的规模，这可能涉及从 AI 的字面建议中进行语法更改(但从未进行语义上的更改)。

在文本中，Copilot 被显示为所使用的 AI 编程工具；除非另有明确说明，否则创建的代码之上的所有注释都是由我输入的，而后面的函数主体(或仅为正则表达式)则由 Copilot 创建。如果读者熟悉由非 AI 代码完成的代码编辑器，那么对这种自动完成将非常熟悉和方便。

1.3　有意识的软件开发

一位哲学家讲了一个关于"有意识"的著名寓言。

> 一只蚂蚁在一片沙地上爬行，在沙地上留下了一条条线。纯属偶然，线条呈曲线并相互穿过，最终看起来像 Winston Churchill 的漫画像。蚂蚁是否有意画出了 Winston Churchill 的画像？
>
> ——Hilary Putnam，《理性、真相和历史》

Putnam 的问题是读者在阅读本书时也要记住的问题。事实上，它与我提到的事项都有关。正则表达式有时可以出于错误的原因匹配正确的内容。正则表达式虽然在程序员使用的技术中并不独特，但并非只是简单地"这样做，然后那样做"。解析器语法在这方面可能是类似的，但并不为广大程序员所熟知。纯函数语言也具有这种"不可组合的组合"特性，但纯函数语言不像过程性和面向对象的编程语言那样被广泛使用。

正则表达式的各部分之间有如此奇特的依赖结构，在我看来，这为 AI 编程工具有效和正确地创建功能单元提出了较大挑战。在本书的大部分内容中，关注的是单个正则表达式，通常在一行之内(而不是在占据几十行的函数内)定义。我们对 AI "意识"的理解与程序员对正则表达式的理解同样模糊，二者交织在一起，为理解这些 AI 编程工具的效用和限制提供了相当有用的视角。

本书提供关于如何准确理解和如何避免错误理解 AI 编码工具的建议。为此，在每个初始的难题和一些"作者想法"("作者想法"一般接近于"解决方案")之后讨论"AI 想法"。

1.4　阅读建议

作者不能也不应该控制读者的阅读方式。然而，我仍建议读者采用以下方式处理这些难题：

- 阅读涉及使用正则表达式的难题描述。在继续阅读之前，仔细考虑如何解决，并在你喜欢的编码环境(Python shell 是一个很好的选择)中测试可能的答案。
- 将你得出的答案与随后的"作者想法"进行比较。也许你忽略了我注意到的某些东西，也许我错过了你想到的某些东西，但希望我的想法能够说明正则表达式的某些复杂性。
- 掌握难题和解决方法后，再查看"AI 想法"，"AI 想法"试图说明和讨论 AI 编程工具的成功与失败之处。如果你能够访问这些工具——无论是我明确讨论的两个还是其他工具——那么你也许可以尝试用自己的提示语和注释，查看是否可以获得比我更好的 AI 答案。

本书中的难题大致按难度递增的顺序排列。难题越靠后出现，需要的正则表达式特征越多，但更重要的是，随着你处理的难题不断增多，也需要逐步理解极端情况的微妙之处。除了这种一般的进展，许多情况下，难题会围绕类似的主题延伸，每次变化都会使难度增加。

你将在每个难题后面的"AI 想法"部分学到丰富的知识。只有极少数情况下可以将 AI "解决方案"的优点和错误只归结为一个"要点"。大多数情况下，我会从每次的成功或失败中反思，收获颇多。

有时，AI 编程工具可能无法解决"简单"的题，却在相同序列中成功解决了"困难"的题。然而，广泛来说，难题越复杂、微妙，AI 的表现越差。当然，这并不奇怪，但是失败的特殊方式能够启示可能使用这些工具的开发人员。

第 *2* 章

量词和特殊子模式

解决本章中的难题需要你理解正则表达式提供的不同量词，并注意使用子模式的时机。如果你对量词或通配符感到生疏，建议你阅读本书的附录。

一般而言，本书各章从正则表达式的较简单功能开始，逐渐深入到较复杂的功能。使用量词是正则表达式语言中最基本的功能之一，因此本章从大部分依赖于量词的难题开始。后续章节会以本章的难题为基础并混合其他结构。

难题 1　通配符范围

概要： 匹配所有以 x 开头且以 y 结尾的单词。

Python 正则表达式语法的一个强大元素——由许多其他正则表达式引擎共享——是选择创建贪婪匹配或非贪婪匹配。只要贪婪匹配得到一个模式的后面部分，就能匹配尽可能多的内容。非贪婪匹配则匹配尽可能少的内容进而达到模式的下一部分。

假设你有以下两个正则表达式：

```
pat1 = re.compile(r'x.*y')      ◀──── 贪婪量词
pat2 = re.compile(r'x.*?y')     ◀──── 非贪婪量词
```

并且你想要匹配以下文本块。可将其视为只有 X 个词的 lorem ipsum：

```
txt = """
xenarthral xerically xenomorphically xebec xenomania
xenogenic xenogeny xenophobically xenon xenomenia
xylotomy xenogenies xenografts xeroxing xenons xanthous
xenoglossy xanthopterins xenoglossy xeroxed xenophoby
xenoglossies xanthoxyls xenoglossias xenomorphically
xeroxes xanthopterin xebecs xenodochiums xenodochium
xylopyrography xanthopterines xerochasy xenium xenic
"""
```

你想匹配以 x 开头且以 y 结尾的所有单词。使用什么模式有意义？为什么？用于查找单词的代码可以如下所示：

```
xy_words = re.findall(pat, txt)
```

作者想法 **每个模式匹配什么？**

你是否被这个难题迷惑？欢迎来到正则表达式的世界！pat1 和 pat2 都匹配了错误的内容，但是方式不同。

如果你喜欢 pat1，则贪婪地匹配了太多内容。 y 可能会在后面的单词(每行)中出现，并且匹配将一直持续到一行中的最后一个 y：

```
>>> for match in re.findall(pat1, txt):
...     print(match)

xenarthral xerically xenomorphically
xenogenic xenogeny xenophobically
xylotomy
xenoglossy xanthopterins xenoglossy xeroxed xenophoby
xenoglossies xanthoxyls xenoglossias xenomorphically
xylopyrography xanthopterines xerochasy
```

在每行中，贪婪模式从第一个 x 开始，这通常不是你想要的。此外，大多数行匹配多个单词，只有以 xylotomy 开头的行是我们真正想要的单词。以

xeroxes 开头的行根本没有匹配。

如果你喜欢 pat2，则通常会获得单词，但有时可能会匹配太多或太少。例如，如果 xy 出现在更长的单词中，作为前缀或中间部分，则也可以匹配：

```
>>> for match in re.findall(pat2, txt):
...     print(match)

xenarthral xerically
xenomorphically
xenogenic xenogeny
xenophobically
xy
xenoglossy
xanthopterins xenoglossy
xeroxed xenophoby
xenoglossies xanthoxy
xenoglossias xenomorphically
xy
xanthopterines xerochasy
```

通过非贪婪方式，我们在遇到第一个 y 时就停止了，但是正如你所见，这仍然不是我们想要的。

实际上需要关注的是单词边界。只有小写字母可以成功匹配。在这种简单情况下，非字母都是空格和换行符，但是在其他文本中可能出现其他字符。

可贪婪地避免匹配前缀或中缀，但我们也希望忽略非字母字符：

```
>>> pat3 = re.compile(r'x[a-z]*y')
>>> for match in re.findall(pat3, txt):
...     print(match)

xerically
xenomorphically
xenogeny
xenophobically
xylotomy
xenoglossy
xenoglossy
xenophoby
xanthoxy
```

```
xenomorphically
xylopyrography
xerochasy
```

我们匹配的所有内容都在每行的任何位置有一个 x 以及其他一些字母(中间可能包括 x 或 y)，然后是一个 y。每个匹配之后出现的都是非字母字符。

注意，如果我们拥有更大的可能单词的词汇表，则 pat3 中的版本仍然存在缺陷。例如，如果我们仅查看自己系统上常用的 267 752 个英文单词的列表 SOWPODS(https://en.wikipedia.org/wiki/Collins_Scrabble_Words)，那么恰好符合模式(请原谅，此示例倾向于 UNIX 风格)：

```
% egrep '^x[a-z]*y' sowpods | tr '\n' ' ' | fold -w 72 -s
xenogamy xenogeny xenoglossy xenomorphically xenophobically
xenophoby
xerically xerochasy xerographically xerography xerophagy
xerophily
xerophytically xeroradiography xylography xylology
xylopyrography
xylotomy xylotypography
```

但是，如果词汇表中有其他"单词"，则会犯错，因此可能得到错误结果：

```
>>> txt = "breathiness xenogeny randed xyxyblah xylotomy"
>>> re.findall(pat3, txt)
['xenogeny', 'xyxy', 'xylotomy']
```

前缀 xyxy 不是一个完整的单词。后面两个难题解决了剩余的问题。

AI 想法　CodingNet

经常会出现一种情况：AI 编程工具会得出类似于初级程序员所得的不完全正确的解决方案。例如，对于提示语"查找所有以 x 开头且以 y 结尾的单词"，Copilot 产生了以下代码：

```
pattern = r'x\w*y'
```

字符类\w 等同于[a-zA-Z0-9_]，这可能包含太多内容，但趋向于正确的方向。我不认为单词包括数字或下画线，但变量名可以是上述的一种"单词"。所以这并不糟糕。

稍微修改一下提示语，以表明单词列表是小写的，也会导致产生更相关的
Python 调用代码。更有趣的是，AI 生成的模式比我使用明确的单词边界符号
所提供的解决方案更加稳健。

通过提示语"查找所有以 x 开头且以 y 结尾的小写单词"，我得到了：

```
pattern = re.compile(r"\b[x][a-z]*[y]\b")
matches = pattern.finditer(txt)
for match in matches:
    print(match)
```

存在几个代码审查的小问题；为单独的[x]和[y]使用字符类是多余的噪声，
我真正想输出的是 match.group()而不仅是 match 本身。然而，如果单词列表非
常长，则使用.finditer()比我的.findall()更好。

难题 2　单词和序列

概要：即使一些单词不以 x 开头，仍进行匹配。

在上一个问题中，我们确定了以 x 开头且以 y 结尾的单词。然而，你可能
已经注意到，我们已经假设"所有单词都以 x 开头"。也许你的解决方案足够
精明，没有掉入这个难题显示的陷阱中。换句话说，也许并不是所有单词实际
上都以 x 开头。如果我们尝试将先前的正则表达式应用于这样的文本：

```
>>> txt = """
expurgatory xylometer xenotime xenomorphically exquisitely
xylology xiphosurans xenophile oxytocin xylogen
xeriscapes xerochasy inexplicably exabyte inexpressibly
extremity xiphophyllous xylographic complexly vexillology
xanthenes xylenol xylol xylenes coextensively
"""
>>> pat3 = re.compile(r'x[a-z]*y')
>>> re.findall(pat3, txt)
['xpurgatory', 'xy', 'xenomorphically', 'xquisitely',
'xylology', 'xy', 'xy', 'xerochasy', 'xplicably', 'xaby',
'xpressibly', 'xtremity', 'xiphophy', 'xy', 'xly',
'xillology', 'xy', 'xy', 'xy', 'xtensively']
```

正如你所看到的，我们在单词内匹配了多个子字符串，不仅仅是整个单词。为了只匹配以 x 开头且以 y 结尾的单词，你可以使用什么模式？

作者想法　思考什么定义了单词边界

有几种方法可以处理这个任务。最简单的方法是使用明确的"单词边界"，即特殊的"零宽度匹配"模式，这在 Python 等正则表达式引擎中拼写为\b：

```
>>> pat4 = re.compile(r'\bx[a-z]*y\b')
>>> re.findall(pat4, txt)
['xenomorphically', 'xylology', 'xerochasy']
```

较困难的方法包括使用前行断言和后行断言来找到必须"括住"实际匹配的不匹配字符。这里假设单词除了以 x 开头和以 y 结尾，在其之间还有一个字母，例如：

```
>>> pat5 = r'(?<=^|(?<=[^a-z]))x[a-z]+y(?=$|[^a-z])'
>>> re.findall(pat5, txt)
['xenomorphically', 'xylology', 'xerochasy']
```

这里的一个技巧是，当执行后行断言时，它必须具有固定宽度的匹配。但列表中的单词可能出现在空格后或出现在行首。因此，我们需要在零宽度后行断言和一个非字母字符的后行断言之间创建一个交替。对于前行断言元素，只需要说它是行尾($)或是非字母([^a-z])。

AI 想法　Transformer

这个难题与前一个难题非常相似，因此 Copilot 的行为也类似。但是，这也表明导致 AI 编程工具做出不同选择的差异与导致人类程序员做出不同选择的差异非常不同。

对于与之前相同的提示语，这次给定了变量 txt 中定义的略有不同的单词列表，并给出了提示语"查找所有以'x'开头且以'y'结尾的单词"，我们得到类似的响应。注意，此提示语比我之前的提示语稍微好一些，在代码注释中将 x 和 y 用单引号括起来。我没有变得更精确，而是 Copilot 理解了我尝试的上下文，并自行改进了我的请求：

```
# Find all words that start with 'x' and end with 'y'
pattern = r'\bx\w*y\b'
print(re.findall(pattern, txt, re.I))
```

这有同样的缺陷，即\w 字符类过于宽泛。但很好地使用了单词边界。我不理解为什么要在这里添加 re.I(忽略大小写)，但这是无害的。我不知道为什么 Copilot 返回了我使用的.findall()而不是.finditer()，也不知道为什么它删除了多余的单值字符类。

下面更具体地说明我们认为应该出现在小写单词列表中的字符：

```
# Find all lowercase words that start with 'x' and end with 'y'
pattern = r'\bx\w*y\b'
print(re.findall(pattern, txt))
```

这并不理想。我向注释中添加的"我想要小写单词"的澄清被完全忽略了，这在之前的难题中却是关注的重点。

我们意识到这些工具的一个问题：它们非常有助于快速创建草案代码，但不应依赖它们代替人类判断。

难题 3　终端类

概要：匹配将两个字母(同一个字符类别)作为起始点和结束点的单词。

这个难题延续了前两个难题的单词匹配主题。但是，此处有一个新的变化，我们既要识别以 x 开头且以 y 结尾的单词，还要识别以 y 开头并以 x 结尾的单词。

记住我们已经了解到的单词边界特殊零宽度模式，对这个任务的初步尝试可能是：

```
>>> txt = """
expurgatory xylometer yex xenomorphically exquisitely
xylology xiphosurans xenophile yunx oxytocin xylogen
xeriscapes xerochasy inexplicably yonderly inexpressibly
extremity xerox xylographic complexly vexillology
```

```
xanthenes xylenol xylol yexing xylenes coextensively
"""
>>> pat6 = re.compile(r'\b[xy][a-z]*[xy]\b')

>>> re.findall(pat6, txt)
['yex', 'xenomorphically', 'xylology', 'yunx', 'xerochasy',
'yonderly', 'xerox']
"""
```

发生了什么错误？显然，我们匹配了一些不想要的单词，尽管它们都以 x 或 y 开头并以 x 或 y 结尾。

作者想法　优化正则表达式以匹配我们想要的内容

首先显示的模式允许 x 或 y 在单词的开头或结尾出现。单词边界处理得很好，但是这允许了以 x 开头和结尾的单词，以及以 y 开头和结尾的单词。整个模式的每一端的字符类是独立的。

这在反思时可能显而易见，但这非常类似于我自己在真正的代码中也曾多次犯过的错误。一种稳健的方法是简单地将你想要的所有内容列为模式中的替代项。

```
>>> pat7 = re.compile(r'\b((x[a-z]*y)|(y[a-z]*x))\b')
>>> [m[0] for m in re.findall(pat7, txt)]
['yex', 'xenomorphically', 'xylology', 'yunx', 'xerochasy']
```

在这个解决方案中，函数 API 中有一些 Python 特定的细节。当一个模式包含多个组时，函数 re.findall() 返回元组。第一组将是整个单词，但第二个组和第三个组将为空，即：

```
>>> re.findall(pat7, txt)
[('yex', '', 'yex'),
('xenomorphically', 'xenomorphically', ''),
('xylology', 'xylology', ''),
('yunx', '', 'yunx'),
('xerochasy', 'xerochasy', '')]
```

AI 想法 编程工具是朋友吗

我们已经遇到编程工具惨败的情况，或者至少对于 2022 年 12 月版本的 Copilot 来说是如此。首次尝试会产生以下结果：

```
# Identify *both* words that start with x and end with y,
# but *also* words that start with y and end with x.
regex = r"^(x|y).*\1$"
```

这个提示语完全来自本练习中的描述。响应几乎完全错误。它添加了一个未说明的要求，即每行出现一个单词。这很容易纠正。

然而，基本逻辑是，编程工具试图在末尾放置与开头相同的字母，这对于这个难题来说基本上是错误的。但是，它也缺乏任何可能缩小到"单词"的单词边界或字符类。例如，简单使用模式时，如果没有使用"^"和"$"，我们会得到：

```
/(x|y).*\1/
```

```
expurgatory xylometer yex xenomorphically exquisitely xylology
xiphosurans xenophile yunx oxytocin xylogen xeriscapes xerochasy
inexplicably yonderly inexpressibly extremity xerox xylographic
complexly vexillology xanthenes xylenol xylol yexing xylenes
coextensively
```

表述上的小改变成功地导致产生了通用建议，即我应该使用 re 模块来解决问题，这同样没有什么帮助。

我尝试使用 ChatGPT 完成相同的任务，它目前似乎比 Copilot 表现更好。"对战"有多个来回的提示语和响应，以适当地进行细化。首先我问：

> 编写一个 Python 程序，识别以 x 开头且以 y 结尾的单词以及以 y 开头且以 x 结尾的单词。

这创建了一个完美的 Python 函数(带有适当的测试用例)，没有使用正则表达式。

稍微细化一下以指定"使用正则表达式"后，ChatGPT 生成的解决方案处理一个单词列表而不是由单词组成的一个段落。

因此，我最终修改了提示语：

编写一个 Python 程序，使用正则表达式，在段落文本内识别以 x 开头且以 y 结尾的单词以及以 y 开头且以 x 结尾的单词。

这产生了一个优秀的响应，包括文本、代码、测试用例和示例输出。总体而言，这不仅可通过图灵测试，还可通过对初级程序员的编码面试。

ChatGPT 响应

当然可以，下列 Python 程序便使用正则表达式，在段落文本中识别以 x 开头且以 y 结尾的单词以及以 y 开头且以 x 结尾的单词：

```python
import re

def find_xy_words(text):
    # Regular expression to match words that
    # start with 'x' and end with 'y'
    xy_pattern = r'\bx\w*y\b'
    # Regular expression to match words that
    # start with 'y' and end with 'x'
    yx_pattern = r'\by\w*x\b'
    xy_words = []
    yx_words = []
    # Iterate through all the words in the text
    for word in re.findall(r'\b\w+\b', text):
        if re.match(xy_pattern, word):
            xy_words.append(word)
        elif re.match(yx_pattern, word):
            yx_words.append(word)
    return xy_words, yx_words


# Test the function
text = "The quick brown fox jumps over the lazy dog. "\
    "The xyz cat is hiding in the yzx tree."
xy_words, yx_words = find_xy_words(text)
print(f"Words that start with 'x' and end with 'y': {xy_words}")
print(f"Words that start with 'y' and end with 'x': {yx_words}")
```

这将输出以下内容：

```
Words that start with 'x' and end with 'y': ['xyz']
Words that start with 'y' and end with 'x': ['yzx']
```

该程序使用 re 模块将正则表达式 xy_pattern 和 yx_pattern 与输入文本中的每个单词进行匹配。正则表达式使用单词边界(\b)来确保仅匹配整个单词。如果一个单词匹配这些模式中的任何一个，它将被添加到相应的列表(xy_words 或 yx_words)中。然后该函数返回这两个列表。

希望这有所帮助！如果你有任何问题，请告诉我。

我并不打算要求创建两个单独的列表，但我的提示语并没有排除这种情况。对于本书中提到的代码，即使是大致相同的也被 ChatGPT 所复制。总的来说，ChatGPT 在最佳状态下能够以近似专业作者的水平解释其代码。

尽管如此，大多数情况下，仍存在一个小问题。ChatGPT 编写的程序绝对不能产生所要的输出。示例输出中的单词 xyz 不符合所提出的规则，也不符合 find_xy_words()函数在 ChatGPT 编写的示例文本中返回的内容(事实上，也不符合任何可能的文本，因为 xyz 永远无法匹配 xy_pattern)。

难题 4　配置格式

概要：使用正则表达式解析配置格式。

这个练习只需要少部分 Python 代码，但主要是关于选择正确的正则表达式。假设你有一个配置格式和一个文件如下：

```
config = """
3 = foobar
14=baz
9= fizzbuzz
21=more_stuff,here
"""
```

通过少量代码，并使用正则表达式，你希望将此格式的文件转换为一个字典，将等号左侧的数字映射到右侧的字符串。例如，上述文件将解析为内存结构：

```
{3: 'foobar', 14: 'baz', 9: 'fizzbuzz', 21: 'more_stuff,here'}
```

其他文件应该经适当修改后解析，结果始终是数字和字符串之间的映射。

作者想法　记住形状有边缘

正如示例所示，似乎在等号两侧的空格中有一些灵活性。我们应该假设任一侧都允许零个或多个空格。在大多数格式中，左侧会使用更常用的单词，右侧则使用数字，这可能较为奇怪；但它已经定义得足够好，我们可以规定它具有目的。

捕获相关信息的最简单方法可能是为每一侧使用组，这些组将由 re.findall() 等正则表达式函数显示出来。通过以下代码，我们几乎得到了正确答案：

```
>>> dict(re.findall(r'^(\d+) *= *(.*)$', config, re.MULTILINE))
{'3': 'foobar', '14': 'baz', '9': 'fizzbuzz',
'21': 'more_stuff,here'}
```

注意，我们需要"多行"修饰符以匹配字符串的每一行。唯一的问题是，难题要求数字显示为数字，而不是数字的字符串。我们可以在 Python 中以许多种方式实现这一点，但其中的一种简单方法是：

```
>>> {int(k): v for k, v in
         re.findall(r'^(\d+) *= *(.*)$', config, re.MULTILINE)}
{3: 'foobar', 14: 'baz', 9: 'fizzbuzz',
21: 'more_stuff,here'}
```

AI 想法　Cyberdyne 金库中的纸币

我们开始意识到，AI 编程工具的一个模式所提供的帮助不如我们想象的多。我尝试为一个提示语添加了一个注释块，我认为它应该是相当明确的：

```
# convert the text in the 'config' variable to a dictionary
# mapping the numbers to the left of the equal sign to the
# strings to the right.
```

　　Copilot 特别建议通过额外的注释行来"澄清"问题。这些注释用英文编写，有些可能在技术上涉及任务的极端条件，但在逐步接受了十几行这样的注释后，似乎 AI 不会提出实际代码。

　　Copilot 提供的另一个界面是弹出窗口，包含各种建议可供选择。其中一些有所帮助，但没有一个提出实际的代码，只是提出其他注释块或没有实质性主体的函数架构。

　　例如，下面的代码注释是选项列表中提出的：

```
# The strings may contain commas, and the numbers may be any
# string that can be converted to an integer.
# The output should be something like:
# {3: 'foobar', 14: 'baz', 9: 'fizzbuzz',
#  21: 'more_stuff,here'}
```

　　这个问题很有趣，因为 Copilot 正确识别了难题的正确答案。虽然它找到了解决方案，但没有创建可重用的代码来解析类似的配置。我创建的假设 config 字符串肯定不再用于 LLM 的训练集中，因此除查找预先编写的代码片段，肯定发生了其他事情：

```
# you'll need to split them apart.
# e.g. {3: ['foobar'], 14: ['baz'], 9: ['fizzbuzz'],
#       21: ['more_stuff', 'here']}
```

　　这个"解决方案"存在合理之处，但对于这个特定难题来说是错误的。程序员常想将带有逗号的字符串转换为含有不同字符串的列表(在这个难题中我并不接受，但那是有意的干扰)。

　　尽管生成的注释描述了所希望的一个合理结果，但并没有产生用于生成它的代码：

```
# hint: use the 're' module to find all matches in the text
# hint: use the 're' module to split each match into two parts
```

　　像这样的初步建议似乎很常见。一个非常好的解决方案确实可能使用 re.findall()和/或 re.split()。在你阅读本书时，我认为你已经弄清楚了这一点，因为你已经了解了一些关于正则表达式的知识。

难题 5　人类基因组

概要：识别以端粒终止的 DNA 编码序列。

基因组学通常使用称为 FASTA 的格式表示基因序列。本难题使用整体格式的一个子集。下面提供一些提示语。字母 A、C、G、T 表示 DNA 中的核苷酸碱基。FASTA 还可以包含符号 N "未知核苷酸"和符号-"不确定长度的间隙"。

此外，在生物体中，DNA 段由"端粒"终止，端粒是指示读取机制应停止转录并形成蛋白质的特殊序列。在序列末端，端粒通常重复数千次。粗略简化这个难题，假设三个或三个以上重复的端粒表示蛋白质序列的结尾。在脊椎动物中，端粒是 TTAGGG。

在本难题中，我们将忽略对蛋白质编码区域的起点的标记，并假设所有字符串都开始于一个潜在的蛋白编码。

你希望创建一个正则表达式，表示来自简化的 FASTA 片段的"特定蛋白编码"。特别是，我们需要确切知道哪些核苷酸、间隙或未知核苷酸将阻碍匹配。此外，甚至末端的端粒重复(对于本难题)也不允许有间隙或未知核苷酸。

对于本难题，假设所有 FASTA 符号都在一行上。通常，它们的固定宽度小于 80 个字符，但换行符被忽略。一个匹配示例如下：[1]

```
>>> from textwrap import wrap
>>> print('\n'.join(wrap(valid, 60)))
CCCTGAATAATCAAGGTCACAGACCAGTTAGAATGGTTTAGTGTGGAAAGCGGGAAACGA
AAAGCCTCTCTGAATCCTGCGCACCGAGATTCTCCCAAGGCAAGGCGAGGGGCTGTATTG
CAGGGTTCAACTGCAGCGTCGCAACTCAAATGCAGCATTCCTAATGCACACATGACACCC
AAAATATAACAGACATATTACTCATGGAGGGTGAGGGTGAGGGTGAGGGTTAGGGTTAGG
GTTAGGGTTAGGGTTAGGGTTAGGGTTAGGGTTAGGGTTAGGGTTAGGG
```

使用良好的模式，我们可以识别所有内容，但不包括端粒重复：

---

[1] 显示的一些字符具有 Unicode 组合变音符号，以引起你的注意。因此，从技术角度看，显示的某些字符实际上并不是 FASTA 代码，这与直觉是不同的。

```
>>> coding = re.search(pat, valid).group()
>>> print('\n'.join(wrap(coding, 60)))
CCCTGAATAATCAAGGTCACAGACCAGTTAGAATGGTTTAGTGTGGAAAGCGGGAAACGA
AAAGCCTCTCTGAATCCTGCGCACCGAGATTCTCCCAAGGCAAGGCGAGGGGCTGTATTG
CAGGGTTCAACTGCAGCGTCGCAACTCAAATGCAGCATTCCTAATGCACACATGACACCC
AAAACTATAACAGACATATTACTCATGGAGGGTGAGGGTGGGGGTGAGGG
```

下面两个是失败示例。第一个没有足够的重复，第二个有一个非特定核苷
酸符号：

```
>>> print('\n'.join(wrap(bad_telomere, 60)))
CCCTGAATAATCAAGGTCACAGACCAGTTAGAATGGTTTAGTGTGGAAAGCGGGAAACGA
AAAGCCTCTCTGAATCCTGCGCACCGAGATTCTCCCAAGGCAAGGCGAGGGGCTGTATTG
CAGGGTTCAACTGCAGCGTCGCAACTCAAATGCAGCATTCCTAATGCACACATGACACCC
AAAATATAACAGACATATTACTCATGGAGGGTGAGGGTGAGGGTGAGGGTTAGGGTTAGG
GTTTAGGGTTAGGGTTTAGGGGTTAGGGGTTAGGGATTAGGGTTAGGGTTTAGG
```

```
>>> re.search(pat, bad_telomere) or "No Match"
'No Match'
```

```
>>> print('\n'.join(wrap(unknown_nucleotide, 60)))
CCCTGAATAATCAAGGTCACAGACCAGTTAGAATGGTTTAGTGTGGAAAGCGGGAAACGA
AAAGCCTCNCTGAATCCTGCGCACCGAGATTCTCCCAAGGCAAGGCGAGGGGCTGTATTG
CAGGGTTCAACTGCAGCGTCGCAACTCAAATGCAGCATTCCTAATGCACACATGACACCC
AAAATATAACAGACATATTACTCATGGAGGGTGAGGGTGAGGGTGAGGGTTAGGGTTAGG
GTTTAGGGTTAGGGTTAGGGGTTAGGGGTTAGGGTTAGGGTTAGGGTTTAGGG
```

```
>>> re.search(pat, unknown_nucleotide) or "No Match"
'No Match'
```

在第一个不匹配示例中，前几个(但不是所有)尾随碱基都是有效的端粒。
在第二个不匹配示例中，使用了 N 符号。这两个示例都是有效的 FASTA 编码，
但不是难题指定的序列。

作者想法 记住分子生物学的核心法则

在设计正则表达式时，有几个关键点需要牢记。你要确保模式从候选序列的开头处开始；否则，你可能只会匹配其有效的尾部。

此后，允许任何 C、A、T 和 G 符号的序列。但是，你肯定想以非贪婪的方式进行匹配，因为不应包括任何端粒。端粒可以重复任意次数，但至少要重复三次。此外，可要求重复的端粒继续到候选序列的结尾处，为此我们必须在前行断言模式中匹配$：

```
^([CATG]+?)(?=(TTAGGG){3,}$)
```

AI 想法 机器人会梦到电子羊吗？

对于这个难题，Copilot 仍然没有生成太多有意义的代码，但是 ChatGPT——通过对我的自己请求的表述进行一些交互式调整——表现得非常出色。

通过 Copilot，一个相当好的提示语仅产生一个占位符函数。是的，通过重新表达我提供的注释，可能获得更好的结果，但是这本身也显示出 ChatGPT 提供的"带有会话记忆的交互式对话"的优势。在同一 Python 文件中已经存在样本有效 FASTA 序列的情况下，我从 Copilot 得到以下结果：

```
# Write a function to identify FASTA sequences that end
# in at least 3 repetitions of the telomere TTAGGG.
def find_telomeres(fasta):
    # Your code here
    pass
```

也就是说，函数和变量名称以及代码框架出自 Copilot。但这只是一个代码片段库所能做的事情。我与 ChatGPT 的"对话"得出了更好的结果。当响应与人类对战非常相似时，很容易不自觉地将其拟人化。经过细微修改，我的请求是：

编写一个 Python 函数，识别以至少三个重复端粒 TTAGGG 结尾的 FASTA 序列的编码区域。

ChatGPT 响应

当然可以，下列 Python 函数便用于识别以至少三个重复端粒 TTAGGG 结尾的 FASTA 序列的编码区域：

```python
def find_encoding_region(fasta_string):
    """Finds the encoding region of FASTA sequences that end
    in at least 3 repetitions of the telomere TTAGGG.

    Parameters:
    fasta_string (str): A string containing one or more
        FASTA sequences.

    Returns:
    list: A list of the encodin g regions of the FASTA
        sequences that meet the criteria.
    """
    # Regular expression to match 3 or more repetitions of
    # TTAGGG at the end of a string
    telomere_pattern = r'TTAGGG(?:TTAGGG)+$'

    encoding_regions = []
    # Split the FASTA string into individual sequences
    for sequence in fasta_string.split('>')[1:]:
        # Split the sequence into the header
        # and the sequence itself
        header, seq = sequence.split('\n', 1)
        if re.search(telomere_pattern, seq):
            # Find the index of the last repetition of TTAGGG
            last_index = re.search(
                telomere_pattern, seq).span()[1] - 6
            encoding_region = seq[:last_index]
            encoding_regions.append(encoding_region)

    return encoding_regions

# Test the function
fasta_string = """>seq1
AGCTAGCTTTAGGGTTAGGGTTAGGG
>seq2
AGCTAGCTTTAGGGTTAGGGTTAGGGTTAGGG
```

```
>seq3
AGCTAGCTTTAGGGTTAGGGTTAGGGA
>seq4
AGCTAGCTTTAGGGTTAGGGTTAGGGTTAGGGTTAGGG
"""
encoding_regions = find_encoding_region(fasta_string)
print(f"Encoding regions: {encoding_regions}")
```

这将输出以下内容：

```
Encoding regions: ['AGCTAGCT', 'AGCTAGCT']
```

此函数使用正则表达式，在字符串末尾匹配三个或三个以上端粒序列 TTAGGG。然后，它将输入的 FASTA 字符串拆分为单个序列，并使用 re.search 函数检查每个序列是否以端粒序列结尾。如果序列符合此条件，则它使用 re.search.span 方法找到最后一个 TTAGGG 重复的索引，并使用此索引从序列中提取编码区域。此后将编码区域添加到 encoding_regions 列表中。函数将返回此列表。

希望这对你有所帮助！如果你有任何问题，请告诉我。

这种 AI 解决方案对很多没有明确提供的知识进行了编码！虽然我的难题简化了 FASTA 格式，但 ChatGPT 实际上"知道"该格式允许对多个序列进行编码，并将它们的初始行命名为>description。此外，虽然我的提示语使用了"编码区域"一词，但在计算机算法方面，这显然相当不具体，并需要对基因组文本进行训练。

此外，我的提示语根本没有提到使用正则表达式，但 ChatGPT 通过使用我对目标的纯粹功能性描述，在某种程度上"决定"这是最好的方法(这对人类程序员来说确实很自然)。我使用的正则表达式与 ChatGPT 使用的正则表达式之间的差异很小；我使用了前行断言，而 ChatGPT 采用了非捕获组。此外，我明确检查了端粒之前的核苷酸的字符类，而 ChatGPT 没有。这些微小差异完全属于能力较高的人类程序员之间的差异。

然而，我们作为人类程序员，在此思考片刻。尽管 ChatGPT 的响应似乎非常出色，但它也在几个重要的方面存在错误。当运行代码时，它没有输出所需要的内容，而是：

```
Encoding regions: [
    'AGCTAGCTTTAGGGTTAGGG',
    'AGCTAGCTTTAGGGTTAGGGTTAGGG',
    'AGCTAGCTTTAGGGTTAGGGTTAGGGTTAGGG']
```

代码正确排除了以多余的 A(而不是完整端粒)结尾的 seq3。但 seq1、seq2 和 seq4 都是输出，而不仅是其中的两个。此外，.span()[1] - 6 的逻辑明显是错误的。建议的代码所做的是剥离三个或三个以上端粒中的最后一个，而不是所有端粒。我们可采用许多不同方式解决这些问题，不是特别困难，但是仍然很容易被 ChatGPT 得到的正确结果所迷惑，从而忽略了微妙的错误。

第 3 章

陷阱和阻碍

正则表达式虽然紧凑而简洁，但有时它们会出现灾难性错误。要小心陷阱，至少要理解和识别困难之处。

难题 6　灾难性回溯

概要：使用正则表达式快速验证消息协议。

在这个难题中，我们设想了一个消息协议(就像其他难题中一样)。我们有一个消息字母表，由以下符号组成：

代码点	名称	外观
U+25A0	黑色正方形	■
U+25AA	黑色小正方形	▪
U+25CB	白色圆圈	○
U+25C9	鱼眼	◉
U+25A1	白色正方形	□
U+25AB	白色小正方形	▫
U+25B2	黑色向上三角形	▲
U+25CF	黑色圆圈	●
U+2404	传输结束	(本书中为！)

这些几何字符很吸引人，用其来表示匹配是为了避免与其他难题中所使用的自然语言单词混淆。但在解决问题时，可以随意替换为字母或数字，这可能更容易在你的 shell 中输入。只要对应关系是一对一的，使用什么符号都无所谓。

假设这些符号是消息协议的一部分。在此协议中，有效的消息由属于"类型 1"或"类型 2"的交替块组成。每个消息还必须以"传输结束"字符结尾。

对于这个协议中的消息，每个块中至少有一个符号，但是类型 1 可以有以下选项：黑色正方形、黑色向上三角形、白色圆圈、鱼眼或白色正方形，每个选项的数量及其顺序都任意。相反，类型 2 块具有的选项有：白色小正方形、白色正方形、黑色小正方形、黑色圆圈或黑色向上三角形，选项数量及其顺序同样任意。块之间可以选择用空格分隔，但这不是必需的。

"传输结束"字符表示消息的结尾。描述一个有效消息的"明显"的模式显然能够适当进行匹配。下面列举一些示例：

```
Regex: (^((([■▲○◉□]+) ?([□◻■●▲]+) ?)+)!
```

```
Structure 1/2/1/2 | Message '■▲◉□■■□!' is Valid
Structure 1 2 1 2 | Message '■▲◉ □ ■ ■□!' is Valid
Missing terminator | Message '■▲◉□■■□' is Invalid
Structure 1 1 2 1 | Message '▲▲▲ ■◉■ □□● ◉○○!' is Invalid
```

显示的正则表达式模式在数学意义上实际上是正确的。然而，当检查某些消息时，它也可能变得非常缓慢，无法使用。例如：

```
Quick match   |
              '■▲○◉□□■◉●○■■◉●□▲▲○○◉■◉■▲▲□■▲!' is Valid
              | Checked in 0.00 seconds
Quick failure |
              '■▲○◉■▲□■◉●■◉■▲▲◉◉◉■□□□□○□■◉●○□■◉■!' is Invalid
              | Checked in 0.00 seconds
Failure       | '▲□□▲▲□□▲▲▲▲□□□□□□▲▲□▲□▲□▲X' is Invalid
              | Checked in 4.42 seconds
Slow failure  | '▲□□▲▲▲□□▲▲▲▲□□□□□□□▲▲□▲□▲□▲X' is Invalid
              | Checked in 8.62 seconds
Exponential   | '▲▲▲▲▲▲□□▲▲▲▲□□□□□□□▲▲□▲□▲□▲▲X' is Invalid
              | Checked in 17.59 seconds
One more symbol| '▲▲▲▲□▲□□▲▲□▲□▲□▲□□□□□□▲▲□▲□▲□▲▲' is Invalid
              | Checked in 31.53 seconds
```

　　为什么会这样？有效模式和第一个无效模式的时间都比缓慢检测不匹配模式的时间长。你可以看到，确定最后四个消息无效所用的时间大约会随着每个附加字符而翻倍。

　　在查看解释之前，先确定为什么会发生这种情况，并提供使用替代正则表达式的解决方案，使其仍然验证消息格式。你的解决方案应在所有情况下都只需要不到一秒钟的时间(即使是数千个符号长的消息仍然如此)。

　　注意，在使用特殊字符进行视觉表示的其他难题中，如果你将易于键入的字母或数字替换为此处使用的符号，则更容易进行实验。它不会改变难题的本质，只会使你更易于使用键盘。

作者想法　努力避免灾难

　　"慢速失败"消息失败的原因易于被人眼捕捉。它们中没有一个消息以"传输结束"字符结尾。正如你所看到的，无论它们是以完全无效的符号 X 结尾，还是仅以有效的符号结尾而没有终止符，都不重要。

　　你可能想知道"快速失败"消息也失败的原因。此处暂停一下。

　　但注意，该消息中的最后一个符号是"黑色正方形"，它只能出现在类型 1 块中；根据规范，类型 2 块必须始终在传输结束终止符之前出现。尽管如此，正则表达式引擎在不到 1/100 秒的时间内就能解决这个问题。

　　你需要注意，类型 1 块和类型 2 块之间的符号集重叠。因此，不确定给定符号是属于给定块还是下一个块。如果我们只是寻找匹配，那么当存在一个可能的匹配时，可以快速找到。例如，只有模糊的"白色正方形"和"黑色向上三角形"消息立即得到验证：

```
Ambiguous quick | '▲▲▲▲□▲□□▲▲□▲□□□□□□□□▲▲□▲□▲□▲□▲▲!' is Valid
                | Checked in 0.00 seconds
```

　　但是，我们不知道有多少类型 1 块和多少类型 2 块在匹配中创建(严格来说，根据我对正则表达式引擎内部的了解程度足以获知答案，但 API 无法提供保证；它可能在库的以后版本中有所不同，而不会破坏兼容性)。

　　正则表达式不足以自发向前查看最后一个符号，以确保它是终止符，但若我们发送指令则可以实现。生成的答案最终仍然是正确的，但不如我们期望的那样有效。

引擎在最终决定没有内容匹配之前，尝试所有可能的块中符号的排列方式，这对于信息长度具有指数级的复杂度。

为解决这个问题，我们对引擎做一些额外处理。具体而言，在尝试识别交替的类型 1 块和类型 2 块之前，首先确保整个消息由以终止符结尾的有效符号组成。该检查几乎瞬间完成，并将消除造成灾难性回溯的很多方式(但并非所有方式)。

```
Regex: (^(?=^[■▲○◉□■● ]+!)(([■▲○◉□]+) ?([□□■●▲]+) ?)+)!

Structure 1/2/1/2 | Message '■▲◉□■□!' is Valid
Structure 1 2 1 2 | Message '■▲◉ □ ■ ■□!' is Valid
Missing terminator | Message '■▲◉□■■□' is Invalid
Structure 1 1 2 1 | Message '▲▲▲ ■■■ □□□ ○○○!' is Invalid

Quick match      |
        '■▲○◉□□□■◉◉□■■◉◉□▲▲○○◉■◉■▲▲□◉▲!' is Valid
                 | Checked in 0.00 seconds
Quick failure    |
        '■▲○◉■▲□■◉●◉■◉■▲▲◉◉◉■□□□□■●◉●□■◉!' is Invalid
                 | Checked in 0.00 seconds
Failure          | '▲□□▲▲□▲▲▲□□□□□□□▲▲□▲□▲□▲X' is Invalid
                 | Checked in 0.00 seconds
Slow failure     | '▲□□▲▲▲□□▲▲▲□□□□□□□▲▲□▲□▲□▲X' is Invalid
                 | Checked in 0.00 seconds
Exponential      | '▲▲▲▲▲▲□□▲▲▲□□□□□□□▲▲□▲□▲□▲▲X' is Invalid
                 | Checked in 0.00 seconds
One more symbol | '▲▲▲▲▲□▲□▲▲□▲□▲□□□□□□□▲▲□▲□▲□▲▲' is Invalid
                 | Checked in 0.00 seconds
Ambiguous quick | '▲▲▲▲▲□▲□▲▲□▲□▲□□□□□□□▲▲□▲□▲□▲▲!' is Valid
                 | Checked in 0.00 seconds
```

AI 想法 **技术奇点**

我向 Copilot 提出这个难题时，稍微进行了简化。基本上，我仅使用了更容易键入的类型 1 块和类型 2 块的字母表。我提供的第一个注释生成了这段代码，它与我最初提出的灾难性情况基本相同：

```
# Check whether a string alternates between r'[ABCDE]+'
# and r'[EFGHI]+' then ends with r'X'
def check_alternating(string):
    return re.match(r'([ABCDE]+[EFGHI]+)*X$', string)
```

好的。正如我在这个难题的开头所述，这个解决方案在数学上是正确的。当然，在代码审查中，我可能想在返回值的末尾添加一个 is not None，因为技术上要求提供布尔结果而不是 None 与 re.Match 对象。不过，这并不重要。

更值得探究的是能否诱使 Copilot 避免灾难性回溯。我试图更明确地在函数之前提供评论(函数是由 Copilot 编写的)。

```
# Check whether a string alternates between r'[ABCDE]+'
# and r'[EFGHI]+' then ends with r'X', but avoid catastrophic
# backtracking
def check_alternating_nocat(string):
    return re.match(r'([ABCDE]+[DEFGH]+)*?X$', string)
```

正则表达式可能非常微妙。当 Copilot 添加"技巧"，使用非贪婪量词来处理整个组时，我确实苦恼了一会儿，思考是否在初始讨论中遗漏了更简单的解决方案。实际上，我编写了测试来增加对思考过程的信心(人类也可能出错)：

```
s1 = "EEEEDEDDEEDEDDDDDDDDEEDEDEDEE"
s2 = "EEEEDEDDEEDEDDDDDDDDEEDEDEDEEX"

from time import perf_counter as now
start = now()
print("s1 naive", check_alternating(s1) is not None,
    "%.2f seconds" % (now() - start))
start = now()
print("s1 nocat", check_alternating_nocat(s1) is not None,
    "%.2f seconds" % (now() - start))
start = now()
print("s2 naive", check_alternating(s2) is not None,
    "%.2f seconds" % (now() - start))
start = now()
print("s2 nocat", check_alternating_nocat(s2) is not None,
    "%.2f seconds" % (now() - start))
```

按理来说，编写方式还可以更加简洁，但结果是：

```
s1 naive False 0.00 seconds
s1 nocat False 14.97 seconds
s2 naive True 0.00 seconds
s2 nocat True 0.00 seconds
```

Copilot 改变了一些东西，但它实际上并未能帮助避免灾难性回溯。Ray Kurzweil 和 Vernon Vinge 将不得不再等一段时间。

借此机会提醒读者，Python(3.11 版本)中新提供了一个正则表达式构造，因此在我的原始解决方案中没有涉及此部分。使用所属量词可能是解决这个问题的更简明的方法。令人惊讶的是，如果在同一个草稿文件中添加一个名为 check_alternating_possessive 的函数，那么 Copilot 确实会找到完全正确的主体来完成！我相信它构建在已定义的其他函数的上下文基础上，但这仍然是一个很好的结果：

```
def check_alternating_posessive(string):
    return re.match(r'([ABCDE]+[EFGHI]+)*+X$', string)
```

该版本还产生了基准测试：

```
s1 possessive False 0.00 seconds
s2 possessive True 0.00 seconds
```

似乎我作为一个人类程序员必须意识到：所属量词是相关的。它们与避免灾难性回溯的联系无法完全由 Copilot 得出。但是一旦函数名称中有"所属"这个词，它就会在正确位置使用所属量词。

难题 7　多米诺骨牌难题

概要：识别表示为 ASCII 的匹配多米诺骨牌。

多米诺骨牌是一个流传已久的家庭游戏，至少可以追溯到元朝(约公元1300 年)。游戏使用多米诺骨牌作为道具，其牌面分为两部分，每部分通常使用与相应数字对应的点标记。具体的游戏规则因游戏而异，但大多数游戏要求将一张牌中某部分的符号或数字与另一张牌上相应的符号匹配。

事实上，所有每半部分上具有 0～6 个点的多米诺骨牌都存在 Unicode 字符。我们将在下一个难题中继续讨论这些字符。其中一些 Unicode 字符列在下表中：

代码点	名称	牌面数字
U-1F03B	多米诺骨牌水平顺序-01-03	⠿
U-1F049	多米诺骨牌水平顺序-03-03	⠿
U-1F04C	多米诺骨牌水平顺序-03-06	⠿
U-1F05C	多米诺骨牌水平顺序-06-01	⠿

实际的代码点很难输入，除非它们以大号字体显示(如此处所示)，否则很难看到。但是为了说明正则表达式所玩的"游戏"，我们首先展示一个有效/获胜的模式的示例：

第二个是无效/失败的模式的示例：

在这个游戏中，牌是按线性顺序放置的，只有当它们在"接触"期间具有相同数量的点时，才可能相邻出现。与物理牌不同的是，这些符号可能无法翻转，但保持相同的左右顺序。

由于上述的显示和输入问题，我们玩这个游戏的替代版本，其中"牌"拼写为 ASCII 字符。例如，显示为 Unicode 字符的获胜和失败的模式展示为如下的 ASCII 版本：

```
# Winning
{1:3}{3:3}{3:6}{6:1}{1:3}{3:3}{3:3}

# Losing
{1:3}{3:3}{6:1}{1:3}{3:3}{3:6}{3:3}
```

玩法可以是任意长度。有无限多张牌，每张牌的两端都有 1～6 的数字组合。编写一个正则表达式，区分每个获胜的玩法和失败的玩法。注意，任何不定义牌序列的字符序列都是无关紧要的失败的玩法。

作者想法　力求比第一个想法更高效

由于 ASCII 编码，我们可以使用正则表达式的一个快捷方式来判断一个玩法是否获胜。这对于多米诺骨牌的图标字符来说不可用。

相同的数字必须出现在一张牌的末尾，并再次出现在下一张牌的开头。因此，可具体通过将 "3" 与 "3" 匹配，以及将 "5" 与 "5" 匹配来快捷处理。与此相反，我们可使用前行断言来匹配反向引用组：

```python
# Mismatched ends in bad, malformed syntax in awful
>>> good =  '{1:3}{3:3}{3:6}{6:1}{1:3}{3:3}{3:3}'
>>> bad =   '{1:3}{3:3}{6:1}{1:3}{3:3}{3:6}{3:3}'
>>> awful = '{1:3}{{3:5}}{5:2}'

>>> pat = r'^(({[1-6]:([1-6])})(?=$|{\3))+$'

>>> for play in (good, bad, awful):
...     match = re.search(pat, play)
...     if match:
...         print(match.group(), "wins!")
...     else:
...         print(play, "loses!")

{1:3}{3:3}{3:6}{6:1}{1:3}{3:3}{3:3} wins!
{1:3}{3:3}{6:1}{1:3}{3:3}{3:6}{3:3} loses!
{1:3}{{3:5}}{5:2} loses!
```

AI 想法　一场用棍棒和石头进行的战争

与许多问题一样，人类的"直觉"在制定和表达模式时起着重要作用。Copilot 的一个简单尝试得到了某种"理解"，但并没有得到实际有用的代码。从这个提示语开始：

```python
# Match a pattern where adjacent numbers, between bracketed
# pairs, are the same
# For example, good: "{1:3}{3:3}{3:6}{6:1}{1:3}{3:3}{3:3}"
```

Copilot 此时建议下一个文档行应该指示一个"坏"版本，这几乎符合"人类"做法。但是，它建议的坏模式与好模式相同。不过我进行了修复：

```
# and bad "{1:3}{3:3}{6:1}{1:3}{3:3}{3:6}{3:3}"
# The pattern is a string of numbers, separated by colons,
# between brackets
```

在这里，我再次提供了"坏模式"的注释行(作为对 Copilot 建议的修改)，它添加了下一个描述行。建议的注释并不错，类似于人类行为。但是，在接受它之后，Copilot 进入了一个建议的循环：

```
# The pattern is repeated, separated by curly brackets
# The pattern is repeated, separated by curly brackets
# The pattern is repeated, separated by curly brackets
[... ad infinitum ...]
```

可能有更好的方法来表达我的提示语，但我还没有找到。我尝试过如下代码：

```
# Match a pattern of dominoes in a linear row
def match_pattern(pattern, row):
    # Create a regular expression from the pattern
    regex = re.compile(pattern, re.IGNORECASE)
    # Search the row for the pattern
    match = regex.search(row)
    # Return the match
    return match
```

这相当无聊。我只在函数之前提供了初始注释，Copilot 就可以从那里开始继续进行(包括函数体中的内联注释)。尽管如此，该函数十分微不足道，仅以通用方式匹配模式，因此直接使用.search()或.match()方法是更好的 Python 代码。

Copilot 提供"测试用例"是有帮助的。我甚至没有创建注释进行介绍，但 Copilot 做到了：

```
# Test the match_pattern function
def test_match_pattern():
    assert match_pattern("dominoes", "I love playing dominoes")
    assert match_pattern("dominoes", "I love playing Dominoes")
    assert match_pattern("dominoes",
```

```
    "I love playing dominoes with my friends")
assert match_pattern("dominoes",
    "I love playing Dominoes with my friends")
assert match_pattern("dominoes",
    "I love playing dominoes with my friends")
assert match_pattern("dominoes",
    "I love playing Dominoes with my friends")
# [...]
```

显然，这些测试与当前的问题无关，只在早期的注释中提到了"多米诺骨牌"这个词。这样我们人类又取得了一次胜利。

难题 8　高级多米诺骨牌难题

概要：识别匹配的多米诺骨牌作为 Unicode 代码点。

正如上一个难题所示，多米诺骨牌有 Unicode 字符。在上一个难题中，我们玩了一个游戏，评估特定"牌"序列(由 ASCII 序列表示)是否为获胜。但是，在上一个难题中，我们利用了 ASCII 表示的内部结构来走捷径。

将多米诺骨牌匹配为 Unicode 字符并不太难。例如，此模式匹配任何线性序列的(水平)牌：

```
[\N{Domino Tile Horizontal-00-00}-\N{Domino Tile
    Horizontal-06-06}]+)
```

当然，大多数这些序列都无法获胜。回想一下先前的获胜和失败的例子。
获胜：

失败：

对于这个游戏，我们将通过两种方式进行简化。首先将使用 ASCII 字符代替难以输入和查看的牌图标。如果只想使牌上数字 1～6 位于末端，那么我们恰好有 36 个。这恰好是数字加大写字母(英语)的符号数量。

但是，通过只使用 36 个可能牌中的 4 个，进一步简化了这个难题。对于每个都给出以下 ASCII 表示。这些字母不是助记符，但至少很容易输入。

代码点	名称	替代
U+1F03B	多米诺骨牌水平顺序-01-03	A
U+1F049	多米诺骨牌水平顺序-03-03	B
U+1F04C	多米诺骨牌水平顺序-03-06	C
U+1F05C	多米诺骨牌水平顺序-06-01	D

使用此编码再次处理获胜和失败的示例：

```
win  = 'ABCDABB'
lose = 'ABDABCB'
```

玩法可以是任意长度，对于所有四种牌，都有无限多个牌可供使用。编写一个正则表达式，区分每个获胜的玩法和失败的玩法。注意，牌符号集之外的任何字符都是无关紧要的失败的玩法。

作者想法　关于双字母组的想法总是愉快的

你可能不会感到惊讶，更大的牌集需要更大的正则表达式来匹配获胜的玩法。但是，如果你使用更多的牌，直到所有牌都使用完毕，原则将保持不变。

基本思想在于，你希望每张牌后面都跟随来自某些其他牌子集的牌，即开始的点数与当前牌结束的点数相同的牌。

当然，给定的牌可能是游戏的结尾，因此你必须在前行断言模式中包括该选项。你还绝对希望匹配从游戏的开始持续到游戏的结束，因此一定要包括匹配模式^和$，以指示：

```
>>> win = 'ABCDABB'
>>> lose = 'ABDABCB'
>>> pat = r'^(A(?=$|[BC])|B(?=$|[BC])|C(?=$|D)|D(?=$|A))+$'
>>> re.search(pat, win)
<re.Match object; span=(0, 7), match='ABCDABB'>
```

```
>>> re.search(pat, lose) or "No Match"
'No Match'
```

AI 想法　有多少读者能通过图灵测试？

在多米诺骨牌以不同方式编码的相关问题中，Copilot 未能产生非常有意义的答案。正如本书多次指出的那样，ChatGPT 通常更成功。

我首先尝试提出提示语：

编写一个 Python 程序，确定字符串是否有效。字母表是 ABCD。在一个有效字符串中，A 后可以跟随 B 或 C，B 后可以跟随 B 或 C，C 后可以跟随 D，D 后可以跟随 A。所有其他字符串都无效。

这似乎非常详细和明确。

可以、必须和应该

RFC 2119(https://www.ietf.org/rfc/rfc2119.txt)等标准文件通常对某些行为的要求程度进行微妙的区分。感谢我的朋友 Tim Churches，他注意到，在对我的提示语进行某种符合标准的阅读时，使用更严格的"必须"并不会显著改变 ChatGPT 的行为。

实际上，ChatGPT 为这个问题提供了一个很好的答案。但是，该答案是由一个由 if 块的循环组成的 15～20 行函数：

```
# Check if the current character is 'A' and the
# next character is not 'B' or 'C'
if c == 'A' and n != 'B' and n != 'C':
    return False
```

AI 只回答我实际询问的内容。答案令人印象深刻(像往常一样带有测试用例和讨论)，但它基本上只是按照我用英语布置的步骤进行操作。

因此，我通过向先前的提示语添加要求来稍微提示它："使用正则表达式提供更紧凑的解决方案。"此时得出的答案非常好。

ChatGPT 响应

下面是一个使用正则表达式得出的解决方案：

```
import re
```

```
def is_valid(s):
    # Use a regular expression to check if the string is valid
    return bool(re.fullmatch(r'(A(B|C)|B(B|C)|C(D)|D(A))*', s))

# Test the function
print(is_valid('AB'))  # True
print(is_valid('AC'))  # True
print(is_valid('BB'))  # True
print(is_valid('BC'))  # True
print(is_valid('CD'))  # True
print(is_valid('DA'))  # True
print(is_valid('AA'))  # False
print(is_valid('BD'))  # False
print(is_valid('CC'))  # False
print(is_valid('DC'))  # False
print(is_valid('DE'))  # False
```

该程序使用 re 模块,根据你指定的规则,检查输入字符串是否有效。正则表达式 r'(A(B|C)|B(B|C)|C(D)|D(A))*'匹配由以下模式的零个或多个重复组成的任何字符串:

- A(B|C): 一个 A 后面跟着一个 B 或者 C
- B(B|C): 一个 B 后面跟着一个 B 或者 C
- C(D): 一个 C 后面跟着一个 D
- D(A): 一个 D 后面跟着一个 A

如果输入字符串与此正则表达式匹配,则 re.fullmatch()函数返回匹配对象。否则,它将返回 None。bool()函数将匹配对象转换为 True 或 False,具体取决于是否找到匹配项。

与许多最佳 AI 答案一样,使用 ChatGPT 有利也有弊。读者可能会忽略其失败之处(实际上,我也需要思考 30 秒)。

ChatGPT 函数的每次成功匹配都匹配偶数数量的字符。 AI 提出的正则表达式查找任何不相交且允许的"对"。但是,我相信任何仔细阅读提示语的人都不会假设"对"需要是不相交的(以及字符串不需要具有偶数长度)。因此,给出的"获胜"和"失败"字符串 ABCDABB 和 ABDABCB 因为长度为奇数而在 is_valid() 上失败。

即使在偶数长度的字符串中，AI 模式的匹配也过于广泛：

```
>>> is_valid('ABCDDA')
True
```

我在讨论中使用的前行断言子模式并非解决这个难题的唯一方法，但是你一定需要检查给定的字符是否既是有效前缀又是有效后缀。一个并行解决方案是针对 s [: - 1] 和 s [1:] 使用 ChatGPT 方法。这会发挥作用，但不只调用单个正则表达式。

难题 9   传感器艺术

概要： 仅识别状态序列中有效编码的信号。

一个假设的数据格式使用字符串表示双状态系统中的状态转换；例如，某种电气传感器的状态转换。每个字符串表示持续某段时间的"信号"。

信号可以"高"状态持续任意时间，也可以"低"状态持续任意时间。此外，两者之间的转换可以是"快速"或"慢速"，但在每次转换后至少在状态中停留一个时间间隔。

该格式具有使用简单 ASCII 艺术表示状态和转换的助记符版本。但它也有你可能希望使用的基于字母的版本，因为许多线条绘制的字符在正则表达式语法中具有特殊含义。特殊字符可以转义，但会使模式更难阅读。

以下是一些有效和无效的信号：

```
valid_1a = "_/^^^\_/^'|___|^\____|^^\__/"
valid_1b = "LuHHHdLuHFLLLFHdLLLLFHHdLLu"
valid_2a = "____/^^^^^^"
valid_2b = "LLLLuHHHHHH"

invalid_1a = "_^/^^^/__\_"
invalid_1b = "LHuHHHuLLdL"
invalid_2a = "|\/|"
invalid_2b = "FduF"
invalid_3a = "__/^^|__X__/"
invalid_3b = "LLuHHFLLXLLu"
```

```
invalid_4a = "|_^|__"
invalid_4b = "FLHFLL"
```

信号 valid_1a 和 valid_1b 表示相同的测量。与此对应，L 映射到_(低状态)，
u 映射到/(向上转换)，d 映射到\(向下转换)，H 映射到^(高状态)，而 F 映射到|(快
速转换)。同样，valid_2a 和 valid_2b 是等效的简单信号，只有一个向上转换，
但每个状态都需要持续一段时间。

同理，无效信号具有不同的字符选项。信号 invalid_1a 或 invalid_1b 存在
几个问题。低状态和高状态相邻但没有转换(不允许)。从高状态出现了所谓的
向上转换(也不允许)。此外，从低状态发生了向下转换。invalid_2a 或 invalid_2b
的主要问题是，它们具有无状态的转换，这也是不允许的。在 invalid_3a 或
invalid_3b 的情况下，状态和转换通常很好，但是其中有一个无效符号。

助记符	字母	意义
_	L	低状态
^	H	高状态
/	u	向上转换
\	d	向下转换
		F	快速转换

你希望定义一个正则表达式，以匹配所有有效的信号字符串。选择你希
望定义的字符集——ASCII 或 linedraw，但不要混合使用——并找到你需要的
模式。

也就是说，找到正则表达式足以执行此测试的模式。

作者想法 **如果可能的话，找到匹配模式**

这个难题可用正则表达式来解决。在考虑这个问题时，有一些需要记住的
观察结果。有效信号的规则实际上只包含两个约束条件：

- 所有信号必须仅从有限的字母表中抽取。
- 只有符号的双字母组的子集是有效的。

特别是，由于字母表是 5 个符号，因此有 25 个可能的双字母组。然而，只有其中的 10 个能出现在有效信号中。你可能尝试匹配任意数量的有效双字母组的重复。然而，这在类似 invalid_4 的示例中会出错。符号 1 和 2 可能形成一个有效的双字母组，符号 3 和 4 也可能是一个有效的双字母组；但很可能符号 2 和 3 在一起不是一个有效的双字母组。

我们需要前行断言两个符号，但其后只匹配一个符号。此外，我们需要考虑一个特殊情况，即正则表达式引擎当前正在查看信号中的最后一个符号，因为它也需要包含在内。因此，使用了"任何内容然后结束"的备用前行断言。注意，我们可以使用"."通配符，因为已经通过先前重复中的前行断言保证了双字母组。

首先显示了匹配 ASCII 版本格式的 patB，然后是更难阅读的 patA，它使用了几个需要在模式定义中转义的符号，以免具有正则表达式的含义：

```
patB = (r'^(((?=LL|Lu|LF|HH|Hd|HF|uH|dL|FH|FL)'
        r'|(?=.$))[LHudF])+$')

patA = (r'^(((?=__|_/|_\||\^\^|\^\\|\^\||/\^|\\_|\||\^|\|_)'
        r'|(?=.$))[_\^/\\\|])+$')
```

AI 想法   我的思维正在消逝；我能感觉到

在很多方面，这个难题与上一个难题中的多米诺骨牌单字符表示非常相似。因此，我使用的描述也非常相似。与上一个难题一样，我先尝试一个没有明确提到正则表达式的提示语，得到一个合理的循环 if 块的格式。但是使得正则表达式目标明确的提示语是：

> 编写一个 Python 函数，以确定一个字符串是否与一个模式匹配。该模式必须在每个_后跟 \、/或|，必须在每个^后跟^、\或|，必须在每个/后跟^，必须在每个\后跟 _，必须在每个|后跟 _或^。禁止出现任何其他模式。使用正则表达式来给出一个更紧凑的解决方案。

得到的响应如下。

ChatGPT 响应

使用正则表达式遵循指定模式的函数如下：

```
import re

def matches_pattern(s):
    pattern = r"^(_(__|/|\|)|\^(\^|\\|\|)|\\_|/\^|\|(_|\^))*$"
    return bool(re.match(pattern, s))
```

下面是一个使用此函数的示例：

```
print(matches_pattern("_^\\|_"))  # True
print(matches_pattern("_^\\|"))   # False
print(matches_pattern("_^\\|__")) # False
```

选择使用 ASCII 艺术版本的编码后，正则表达式几乎与我上面提出的解决方案一样密集。模式中的许多字符都是经过转义的，而不是普通字符或字符类。

我们几乎立即可以看出 ChatGPT 是错的，即使在自己生成的示例中也是如此。它声称应该产生 False 的两种情况确实是如此；但同样，被注释为 True 的第一种情况也是如此。直观地说，我们的具有图标的 ASCII 艺术格式必须上下起伏，并具有正确的转换字符。例如_ ^ \ \ | _显然没有做到这一点，尽管生成的测试声称它做到了。

此外，我们可以尝试最初在难题中提出的测试用例：

```
>>> matches__pattern("_/^^^\_/^|___|^\___|^^\__/")    应该为 True
False
>>> matches_pattern("____/^^^^^^")     应该为 True
True
>>> matches_pattern("_^/^^^/__\_")     应该为 False
False
>>> matches_pattern("|\/|")     应该为 False
False
>>> matches_pattern("__/^^|__X__/")     应该为 False
False
>>> matches_pattern("|_^|__")     应该为 False
False
```

AI 模式多数情况下正确，但这主要是因为它更加严格，并且我们测试的为 False 的情况比为 True 的情况多。

在 re.VERBOSE 格式中的详细说明模式可帮助理解 ChatGPT 出错的许多地方：

```
>>> pat = re.compile("""
... ^(_              # Begin with underscore
...    (__|/|\|)     # then "__", "/" or "|"
...    |             # or...
...    \^            # a circumflex ""^"
...     (\^|\\|\|)   # then "^", "\", or "|"
...     |            # or...
...     \\_|/\^|\|   # "\_", "/^", or "|"
...     (_|\^)       # "_" or "^"
... )*$              # Zero or more of all that until end
... """, re.VERBOSE)
```

是的，模式需要从开头开始，有零个或多个重复，然后在结尾结束。但是第一个字符不需要是"低状态"(_)。即使是以"低状态"开头的模式也可能只有一个"低状态"，而不需要另外两个低状态——或者允许转换；其中缓慢"向上转换"(/)或向上"快速转换"(|)的选择确实是正确的。但是，ChatGPT 模式还提供了一种直接跳转到"高状态"(^)而没有转换的选择。总体而言，响应在许多层面上都非常糟糕，但仍然在各个情况下令人感觉"可信"。

第 *4* 章

使用正则表达式创建函数

在 Python 或其他编程语言中，你通常希望将正则表达式封装在小型函数中，而不是在内联中重复使用它。

难题 10　重新实现 str.count()

概要： 使用正则表达式创建一个等效于 str.count()函数的函数。

Python 方法 str.count()广泛用于在较大字符串中查找子字符串。例如，你可能编写的一些典型代码如下：

```
# Lyric from song "Hot Knife" by Fiona Apple
>>> s = """If I'm butter, if I'm butter
If I'm butter, then he's a hot knife
He makes my heart a CinemaScope screen
Showing the dancing bird of paradise
"""
>>> s.count('e')
15
>>> s.count('tt')
3
```

假设 Python 没有 str.count()方法，但你希望通过使用正则表达式实现类似的函数，并带有以下签名：

```
def my_count(substring: str, string: str) -> int:
```

```
# re.sub(..., ...)  # maybe something like this?
...
```

作者想法 正则表达式如何计算子字符串出现次数？

Python re 模块中的两个函数似乎特别有用。re.sub()函数将用其他内容替换模式。我们可以借此尝试一个解决方案，例如：

```
>>> def my_count(substring, string):
...     return len(re.sub(fr"[^{substring}]", "", string))
>>> my_count('e', s)
15
>>> my_count('tt', s)   # Oops, this goes wrong
10
```

因此，该尝试不完全正确。它将正确计数单个字符，但对于较大的子字符串，它会感到困惑。在示例中，字符类的反转是[^tt]，等同于不是"t"。换句话说，我们计算了"t"的数量而不是"tt"的数量。即使子字符串不是相同的字母出现两次，我们也将计算模式中的单个字母。

可使用更复杂的正则表达式来解决这个问题(将其视为一个额外难题)，但使用 re.findall()更容易：

```
>>> def my_count(substring, string):
...     return len(re.findall(substring, string))
>>> my_count('e', s)
15
>>> my_count('tt', s)
3
```

AI 想法 非凡的机器

对于 AI 来说，这个问题相当容易。询问 ChatGPT 所得的函数几乎与我自己编写的函数相同：

ChatGPT 响应

下列函数使用正则表达式计算字符串中子字符串的出现次数：

```
import re

def count_substring(string, substring):
    """
    Count the number of occurrences of a substring within a string
    using regular expressions.
    """
    pattern = re.compile(substring)
    return len(pattern.findall(string))
```

遗憾的是，ChatGPT 提供的示例是错误的。然而，在错误示例之后，AI
提供了一个替代方案，可以修复错误。

ChatGPT 响应

你可以使用如下函数：

```
string = "The quick brown fox jumps over the lazy dog."
substring = "the"
count = count_substring(string, substring)
print(count)  # Output: 2
```

注意，此函数区分大小写，因此 "the" 和 "The" 将被视为不同的子字符
串。如果要执行不区分大小写的搜索，可将 re. IGNORECASE 标志作为第二个
参数传递给 re.compile()。

```
pattern = re.compile(substring, re.IGNORECASE)
```

如果在初始解决方案中使用了 re.I 标志，则示例用法将是正确的。

Copilot 此处的表现不是很好。这是它陷入了"解释循环"陷阱的另一种情
况。也就是说，它不断提供更多注释行来"澄清"问题，但从来没有生成实际
代码。

我的提示语是"编写一个函数，通过使用正则表达式计算字符串中子字符
串的出现次数。"之后，我得到了以下注释(都是真实的，但不是特别有用)：

```
# The function should take two arguments: the substring and
# the string.
# The function should return the number of occurrences of
# the substring in the string.
# For example, the string "The quick brown fox jumps over
# the lazy dog" contains the substring "the" 2 times.
# The string "The quick brown fox jumps over the lazy dog"
# contains the substring "fox" 1 time.
# The string "The quick brown fox jumps over the lazy dog"
# contains the substring "dog" 1 time.
# The string "The quick brown fox jumps over the lazy dog"
# contains the substring "cat" 0 times.
# The string "The quick brown fox jumps over the lazy dog"
# contains the substring "fox jumps" 1 time.
[...]
```

这个 AI 似乎没有犹豫，继续无限地提供这样的示例。使用按键可弹出多个 Copilot 建议，这只会得出一些基本相似的数字(只有注释，没有代码)。

难题 11 重新实现 str.count()(更严格)

概要： 创建一个等效于 str.count() 的函数，而不使用任何数字变量。

在上一个难题中，我们使用正则表达式重新实现了 str.count()。但提出的解决方案——很可能是你自己想到的解决方案——最终归结为对来自原始字符串的某些内容使用 len()(以计算找到的匹配项的数量)。

对于这个难题，假设 Python 也没有 len()函数；并且不实现自己的等效函数(如循环遍历可迭代对象并在找到子字符串时递增计数器)。可以表达这一点的一种方法是，你的函数不应该使用数字变量或值。

实际上，我们想要的结果是代表计数的字符串，而不是实际数字。但为了简化问题，我们可以假设仅计算单个字符，而不是一般的子字符串。进一步简化，我们假设输入字符串仅包含如下的核苷酸符号(将其泛化并不太困难)。解决方案如下所示：

```
>>> def let_count(char: str, string: str) -> str:
...     # maybe a while loop, some calls to re.something()
...     ...
```

例如，将其用于计算核苷酸数量：

```
>>> mRNA = '''
GGGAAATAAGAGAGAAAAGAAGAGTAAGAAGAAATATAAGACCCCGGCGCCGCCACCAT
GTTCGTGTTCCTGGTGCTGCTGCCCCTGGTGAGCAGCCAGTGCGTGAACCTGACCACCC
GGACCCAGCTGCCACCAGCCTACACCAACAGCTTCACCCGGGGCGTCTACTACCCCGAC
AAGGTGTTCCGGAGCAGCGTCCTGCACAGCACCCAGGACCTGTTCCTGCCCTTCTTCAG
CAACGTGACCTGGTTCCACGCCATCCACGTGAGCGGCACCAACGGCACCAAGCGGTTCG
ACAACCCCGTGCTGCCCTTCAACGACGGCGTGTACTTCGCCAGCACCGAGAAGAGCAAC
ATCATCCGGGGCTGGATCTTCGGCACCACCCTGGACAGCAAGACCCAGAGCCTGCTGAT
CGTGAATAACGCCACCAACGTGGTGATCAAGGTGTGCGAGTT
'''
>>> let_count('G', mRNA)
'120'
>>> let_count('C', mRNA)
'152'
>>> let_count('T', mRNA)
'74'
>>> let_count('A', mRNA)
'109'
```

作者想法　用给定的限制条件编写 Python 函数

这个问题有点困难，但也是可以解决的，这本身就有点神奇。解决方案中没有涉及任何数字。没有计数器，没有整数变量，没有返回数字的 Python 函数。

我们也不需要使用任何 Python 字符串方法，但值得注意的是，一些通过正则表达式执行的操作可能更容易表达为字符串方法。该函数只能执行严格的正则表达式操作以及少量 Python 循环(但永远不会在数字上循环)。

我们在循环中交替使用两个 sentinel，指示 10 的某个幂次方处的项数，或下一个更高的幂次方处的项数。一个字典可将 sentinel 的 0～9 个重复映射到相应的数字，但保留其余字符串不变：

```
# Group 1: zero or more leading @'s
# Group 2: some specific number of _'s
```

```
# Group 3: anything until end; digits expected
counter = {
    r'(^@*)(_____)(.*$)': r'\g<1>9\g<3>',
    r'(^@*)(_____)(.*$)': r'\g<1>8\g<3>',
    r'(^@*)(_____)(.*$)': r'\g<1>7\g<3>',
    r'(^@*)(_____)(.*$)': r'\g<1>6\g<3>',
    r'(^@*)(_____)(.*$)': r'\g<1>5\g<3>',
    r'(^@*)(_____)(.*$)': r'\g<1>4\g<3>',
    r'(^@*)(____)(.*$)': r'\g<1>3\g<3>',
    r'(^@*)(___)(.*$)': r'\g<1>2\g<3>',
    r'(^@*)(__)(.*$)': r'\g<1>1\g<3>',
    r'(^@*)(_*)(.*$)': r'\g<1>0\g<3>'
}
```

第一步是将目标字符映射到 sentinel。很容易将主要函数扩展为将通用正则表达式模式映射到同一 sentinel。

这里使用了两个 sentinel 下画线和@符号，但如果与初始字符串发生冲突，那么也可以使用 Unicode 代码点(甚至是私有的代码点)：

```
def let_count(c, s):
    # First lines only convert single char to sentinel,
    # but could be generalized to any regex pattern
    # Remove everything that is not the target character
    s = re.sub(fr'[^{c}]', '', s)
    # Convert the target to the underscore sentinel
    s = re.sub(fr'{c}', '_', s)

    # Loop indefinitely: do not know number digits needed
    while True:
        # Ten underscores become an @ sign
        s = re.sub(r'_____', '@', s)
        for k, v in counter.items():
            # Replace trailing underscores with a digit
            new = re.sub(k, v, s)
            # Some pattern matched, so exit the loop
            if new != s:
                s = new
                break
        # If we have only digits, we are done
        if re.match(r'^[0-9]*$', s):
```

```
        return s
    # Convert from "unprocessed" to "todo" sentinels
    s = re.sub('@', '_', s)
```

AI 想法　战争的惨状

太过人性化的 AI 编程工具偶尔会产生看似精明的结果，并遵循所提供的提示语。

对于 "仅使用正则表达式" 的字符串计数问题，我的解决方案出奇地复杂。如果 ChatGPT 与我所做的匹配，我可能会感到非常失望。然而，它所做的事情让我感到高兴，因为它 "机智地" 遵守了我对如何解决问题的详细限制。我使用的提示语是：

> 编写一个 Python 函数，使用正则表达式来计算字符串中子字符串的出现次数。计算可迭代对象的长度时不要使用 len() 函数或循环。

AI 的回应如下所述。

ChatGPT 响应

下列函数使用正则表达式统计字符串中子字符串的出现次数，而不使用 len() 函数或循环：

```
import re

def count_substring(string, substring):
    """
    Count the number of occurrences of a substring within a
    string using regular expressions.
    """
    pattern = re.compile(substring)
    match = pattern.search(string)
    if match:
        return 1 + count_substring(string[match.end():],
                                   substring)
    return 0
```

这个函数有两个参数：string 是要在其中进行搜索的字符串，substring 是要搜寻的子字符串。首先使用 re.compile() 函数从 substring 编译正则表达式模式，然后使用 search()方法在 string 中查找出现的模式。如果找到匹配项，则该函数在匹配项结束后的 string 部分上递归调用自身，并将计数加 1。如果没有找到匹配项，则该函数返回 0。

该响应还包括一个使用示例，其损坏方式与先前难题中的答案完全相同，但是同样后跟有关如何修改函数以进行忽略大小写的匹配的说明(示例预设此条件)。

此处 AI 绝对值得肯定，它完全准确地遵循了我的实际难题指令；与我自己的解决方案相比，其机智程度恰到好处。

难题 12　给函数取一个名称

概要：给函数取一个有意义的名称而不是通用名称。

假设你遇到了一些代码，由先前处理项目的员工编写，那些员工目前早已不对代码进行研究。这些代码通过了单元测试和集成测试，因此可能做了正确的事情。但是那些员工没有为某个函数提供有用的名称或文档：

```
def is_something(s):
    return re.match(r'^(.+?)\1+$', s)
```

对于这个难题，只需要为该函数提供一个有效的名称和文档字符串，以便后续程序员使用。

作者想法　**读取代码的次数远超编写代码的次数**

这个难题当然有许多可能的答案。对于所有这些答案，理解正则表达式的作用是至关重要的。短模式可能看起来很奇怪，你需要弄清楚。一种可能性如下：

```
def repeated_prefix(s):
    """Look for any prefix string in 's' and match only if
    that prefix is repeated at least once, but it might be
```

```
repeated many times.  No other substring may occur
between the start and end of the string for a match.
"""
return re.match(r'^(.+?)\1+$', s)
```

AI 想法　**计算机科学中有三件难事**

编程领域中经常开玩笑说，计算机科学中有三件难事：缓存失效、命名对象和差一错误。

AI 编程工具还没有真正应对命名的挑战。我已经阅读了其他开发人员发布的例子，这些工具在其中表现较好，但并不完美。

向 Copilot 提出相关问题时，我将 is_something()函数复制到启用了 Copilot 的编辑器中，并仅键入可能引入文档字符串的引文，得到下列结果：

```
def is_something(s):
    """Return True if s is a string of the same character
    repeated at least once.
    """
    return re.match(r'^(.+?)\1+$', s)
```

这个描述有一部分是真实的。确实会匹配一个重复的单字符，但是生成的注释未能捕获"完整重复的前缀也将匹配"这一事实。

对 ChatGPT 的提示语要求其为函数找到一个名称，这得出一些非常好的但也完全通用的名称，体现了为函数提供良好名称的普遍优点。ChatGPT 给出的答案可能非常适合收录在教科书或维基百科文章中，但未能有意义地说明 is_something()的具体作用。

难题 13　玩扑克(第 1 部分)

概要：为以后的难题创建支持函数，其中适度使用正则表达式。

在此前的难题中，我们体验过多米诺骨牌。在接下来的几个难题中，我们将玩扑克牌。假设每位玩家有五张牌，我们希望将两手牌相互比较。将通过对多个难题建立小型函数，来回答各种问题，从而完成此操作。

你应该尽可能使用正则表达式来表达逻辑；但有些问题还需要一些非正则表达式代码。首先，我们提醒自己 5 张牌的不同排列。编码将稍微简化牌面的表示。具体而言，10♥的牌可能被称为 T♥，以便每张牌都是两个符号的组合。

- 同花顺，例如 J♣ T♣ 9♣ 8♣ 7♣
- 四条，例如 A♥ 3♠ 3♥ 3♦ 3♣
- 葫芦，例如 K♠ K♣ 6♥ 6♦ 6♣
- 同花，例如 J♦ 9♦ 6♦ 5♦ 2♦
- 顺子，例如 9♦ 8♣ 7♣ 6♥ 5♣
- 三条，例如 Q♣ 8♠ 8♦ 8♣ 3♥
- 双对，例如 J♠ J♣ 9♥ 8♥ 8♦
- 一对，例如 A♥ K♦ 4♣ 4♥ 3♠
- 大牌，例如 K♠ 9♥ 8♠ 4♥ 2♠

同一类型的手牌中，还有其他规则，此处忽略不计。我们希望首先介绍两个支持函数。首先，你应该编写一个函数 prettify(hand)，该函数将更易于键入的花色表示为 S、H、D、C，并将手牌转换为 Unicode 符号。

这个难题的第二个函数较为困难，要求你确保所有卡牌按降序排序(如示例所示)，其中王牌始终被视为大牌，花色按黑桃、红桃、方块、梅花排序。

第二个函数 cardsort(hand)比正则表达式使用了更多的 Python，因此如果你对 Python 本身不太熟悉，请直接阅读解决方案。

作者想法　在较大程序中，函数有很大帮助

事实上，为处理这两个支持函数，我们并不需要正则表达式。但是我们确实有机会使用它们。首先将手牌的 ASCII 版本转换为 Unicode 版本。在此过程中，确保手牌由五张有效的 ASCII 牌面组成：

```
ef prettify(hand):
    assert re.search(r'^([2-9TJQKA][SHDC] ?){5}$', hand)
    symbols = {'S': '\u2660', 'H': '\u2665',
               'D': '\u2666', 'C': '\u2663'}
    for let, suit in symbols.items():
```

```
    hand = re.sub(let, suit, hand)
  return hand
```

排序通常使用普通的 Python 技巧。特别是，我们可依靠 Python 的排序是稳定的这一事实。这意味着等价元素之间的顺序不会改变。因此，先按花色排序，然后按数字排序将保证具有正确的总体效果：

```
def cardsort(hand):
  def by_num(card):
    map = {'T':'A', 'J':'B', 'Q':'C',
        'K':'D', 'A':'E'}
    num = card[0]
    return num if num not in 'AKQJT' else map[num]

  def by_suit(card):
    map = {'\u2663': 1, '\u2666': 2,
        '\u2665': 3, '\u2660': 4}
    return map[card[1]]

  hand = re.split(' ', hand)
  hand.sort(key=by_suit, reverse=True)
  hand.sort(key=by_num, reverse=True)
  return ' '.join(hand)
```

结合这些：

```
>>> cardsort(prettify('8C AS 4H KS 2C'))
'A♠ K♠ 8♣ 4♥ 2♣'
```

接下来的几个难题中延续了扑克主题，为此我们将需要更多正则表达式。

AI 想法　他无法读懂我的扑克脸

当然，这个问题实际上不是一个正则表达式问题。然而，这为我们提供了一个很好的机会，可以查看 Copilot 在处理更通用的编程任务时的表现如何。我提供了函数本身之前的所有注释行，但 Copilot 提供了函数名称、内联注释和代码：

```
# Given a text that represents cards in a standard card deck.
# For example, a poker hand may be represented as "A♥ 4♠ 4♥ K♦ 3♠".
# The 10 of a suit is represented as "T", such as "T♠".
# This function sorts a hand in descending order by card rank.
def sort_hand(hand):
    # Create a dictionary that maps each card rank to its value.
    rank_values = {'A': 14, 'K': 13, 'Q': 12, 'J': 11, 'T': 10,
                   '9': 9, '8': 8, '7': 7, '6': 6, '5': 5,
                   '4': 4, '3': 3, '2': 2}
    # Create a list of tuples that maps each card to its rank value.
    card_values = [
        (rank_values[card[0]], card) for card in hand.split()]
    # Sort the list of tuples in descending order by rank value.
    card_values.sort(reverse=True)
    # Create a list of cards in descending order by rank value.
    sorted_hand = [card for (value, card) in card_values]
    # Return the sorted hand.
    return ' '.join(sorted_hand)
```

这个函数很好，但我希望 AI 能够利用传统花色顺序的"上下文知识"，结果却令我失望。转向 ChatGPT，它是在更大的语料库上进行训练的，但包括与计算机程序无关的许多文本，结果基本相同。我较喜欢 ChatGPT 的代码样式，但这种审美差异也在人类程序员之间的差异范围内。我在提示语中使用了略微不同的表述；例如，在我对聊天机器人的拟人化中，将请求表达为"请编写一个 Python 程序来排序……"，而不是"此函数排序……"，这是人们在源代码注释中更常见的内容。

ChatGPT 响应

当然可以！下列 Python 程序将按点数，降序排序一手牌：

```
def sort_hand(hand):
    # Create a mapping from card rank to numeric value
    rank_to_value = {          ◄── ChatGPT 为每行定义一个键/值对
        '2': 2, '3': 3, '4': 4, '5': 5, '6': 6, '7': 7, '8': 8,
        '9': 9, 'T': 10, 'J': 11, 'Q': 12, 'K': 13, 'A': 14 }

    # Split the hand into individual cards
    cards = hand.split()
```

```
  # Sort the cards by rank
  sorted_cards = sorted(cards,
    key=lambda x: rank_to_value[x[0]], reverse=True)

  # Return the sorted hand as a string
  return ' '.join(sorted_cards)

# Test the function
hand = "A♥ 4♠ 4♥ K♦ 3♠"
print(sort_hand(hand)) # should print "A♥ K♦ 4♥ 4♠ 3♠"
```

首先，该函数创建一个字典，将每个牌面点数映射到数值，最高点数具有最高数值。然后，它将输入手牌拆分为由单个牌组成的列表，并使用 sorted 函数和 lambda 函数作为关键字对该列表进行排序。最后，将排序后的卡牌连接回字符串并返回结果。

希望这有所帮助！如果你有任何问题，请告诉我。

因此，两种 AI 都没有真正理解人类上下文，而这是大多数熟悉一副牌的程序员可能会考虑的问题。不过，我知道甚至不是所有纸牌游戏都使用相同的花色排序，因此这种差距是可以理解的。我要求对上下文敏感的 ChatGPT 改进这一点。实际上，我明确提到了之前的答案，没有给出其他规定："谢谢。请按照上述说明操作，但也要按照黑桃、红桃、方块、梅花的顺序排序。"注意，在我的提示语中，从未提到 Unicode 花色字符的名称。

ChatGPT 响应

当然可以！下面是一个更新版本的函数，它降序排序一手牌，并在同一点数内按指定花色排序：黑桃、红桃、方块、梅花：

```
def sort_hand(hand):
  # Create a mapping from card rank to numeric value
  rank_to_value = {          ◀── ChatGPT 为每行定义一个键/值对
    '2': 2, '3': 3, '4': 4, '5': 5, '6': 6, '7': 7, '8': 8,
    '9': 9, 'T': 10, 'J': 11, 'Q': 12, 'K': 13, 'A': 14 }
```

```
# Create a mapping from suit to numeric value
suit_to_value = {'♠': 1, '♥': 2, '♦': 3, '♣': 4}

# Split the hand into individual cards
cards = hand.split()

# Sort the cards by rank and then suit
sorted_cards = sorted(cards,
  key=lambda x: (rank_to_value[x[0]], suit_to_value[x[1]]),
  reverse=True)

# Return the sorted hand as a string
return ' '.join(sorted_cards)

# Test the function
hand = "A♥ 4♠ 4♥ K♦ 3♠"
print(sort_hand(hand)) # should print "A♥ K♦ 4♥ 4♠ 3♠"
```

ChatGPT 为每行
定义一个键/值

此更新版本的函数额外创建一个字典，将每个花色映射到数值，其中黑桃具有最低值，梅花具有最高值。然后，它使用元组作为关键字对卡牌进行排序，点数作为第一个元素，花色作为第二个元素。

希望这有所帮助！如果你有任何问题，请告诉我。

你能看出这里的错误吗？可以说这是文档错误，因为当我给出花色排序时，我打算应用相同的反向顺序。然而，提供的解决方案将梅花的值设为最高值，黑桃的值设为最低值；这确实是符合我的实际提示语的排序顺序。

通过与 ChatGPT 继续交谈，进一步的提示语产生了完整的结果，符合我的意图："非常好，但我的意思是黑桃最重要(排在最前)，梅花最不重要(排在最后)。"像往常一样，ChatGPT 用英语描述了它修改的内容及其原因。

为 Copilot 增加更多信息并不成功：

我添加了
这部分注释

```
# Given a text that represents cards in a standard card deck.
# For example, a poker hand my be represented as "A♥ 4♠ 4♥ K♦ 3♠".
# The 10 of a suit is represented as "T", such as "T♠".
# This function sorts a hand in descending order by card rank.
# Please rank the suits as spades, hearts, diamonds, clubs.
```

```
# Please rank the cards as
#    A, K, Q, J, T, 9, 8, 7, 6, 5, 4, 3, 2.
# For example, the sorted hand
#    "A♥ 4♠ 4♥ K♦ 3♠" would be "A♥ K♦ 4♠ 4♥ 3♠".
def sort_hand(hand):
    # Your code here
    return hand
```

Copilot 继续
处理我的注
释主题

正如当前 Copilot 版本经常发生的那样，有时代码无法补全，并且只提供所需编写的函数的框架。如果将 AI 视为人类，那么它可以生成有用且正确的注释，但当只提出轻微变化的任务时，就无法完成代码，这可能令人惊讶。

难题 14　玩扑克(第 2 部分)

概要： 识别是顺子和/或同花的扑克牌。

在上一个难题中，你将"扑克手牌"从 ASCII 转换为 Unicode 花色符号，并确保手牌按规范降序排序。

对于这个难题，你想开始使用正则表达式来确定手牌是否属于各种类型。下面是可以用作捷径的一个明显技巧：

```
def is_straight_flush(hand):
    return is_straight(hand) and is_flush(hand)
```

对于这个难题，你希望编写 is_flush(hand)和 is_straight(hand)函数，继续假设手牌的表示方式与上一个难题中相同(包括按降序排列的牌面)。如有必要，可使用你编写的 prettify()函数使得更易于输入测试用例。

作者想法　大型建筑是由小砖块建造的

识别同花比较容易。此外，如果我们聪明一点，可向函数中添加两个特性，这些特性在难题中没有特别要求。我们可使其与 ASCII 代码(如 S 表示空格，H 表示红桃)和 Unicode 特殊符号同时使用。

但在创建函数时，还可在返回值中返回额外的布尔值(True 或 False)信息。

即如果是同花，也返回花色：

```
>>> def is_flush(hand):
...     match = re.search(r'^.(.)(.*\1){4}$', hand)
...     return match.group(1) if match else False

>>> is_flush('J♣ T♣ 9♣ 8♣ 7♣')
'♣'
>>> is_flush('J♦ 9♦ 6♦ 5♦ 2♦')
'♦'
>>> is_flush('J♦ 9♥ 6♦ 5♦ 2♦')
False
>>> is_flush('JD 9H 6D 5D 2D')
False
>>> is_flush('JD 9D 6D 5D 2D')
'D'
```

为检查顺子，我们在返回值中添加类似的额外信息。显然，如果手牌不是顺子，我们应该返回 False。但是如果是顺子，我们可返回大牌数供以后使用。这些都是布尔值(如所有字符串)：

```
>>> def is_straight(hand):
...     pat = r'[ SHDC\u2660\u2665\u2666\u2663]'
...     h = re.sub(pat, '', hand)
...     match = re.search(h, 'AKQJT98765432')
...     return h[0] if match else False
```

与第一个函数一样，尽管它们可能需要通过 prettify() 进行改进，但我们还是可以接受花色的 ASCII 版本。该模式查找所有是花色字符或空格的内容，并将其删除以创建简化的"手牌"。

通过简化的仅有"数字"的手牌，我们知道任何顺子都必须是所有数字运行的一串子字符串。我们不再检查长度是否为 5，而相信其他函数已经验证了这一点。当然，如果需要，我们可以很容易地添加它。

此时，可考虑更丰富的 is_straight_flush() 实现。也许如下：

```
>>> def is_straight_flush(hand):
...     s = is_straight(hand)
...     f = is_flush(hand)
```

```
...     return s+f if s and f else False

>>> is_straight_flush('JD TD 9D 8D 7D')
'JD'
>>> is_straight_flush('JD TD 9H 8D 7D')
False
```

AI 想法　防止虐待人类的社会

诱导 AI 使用正则表达式实际上并非最自然的方法，因此成功率不高。
我在与前一个 sort_hand() 会话相同的上下文中提出了这个基本问题：

编写一个 Python 函数来识别扑克牌是否为同花。也就是说，是否有五张
相同花色的牌？假设手牌已排序并表示为上述格式。

ChatGPT 在没有看到任何正则表达式的情况下，正确地回答了问题。

ChatGPT 响应

当然可以！下列 Python 函数可以识别扑克牌是否为同花：

```python
def is_flush(hand):
    # Split the hand into individual cards
    cards = hand.split()

    # Extract the suits of the cards
    suits = [card[1] for card in cards]

    # Check if all the suits are the same
    return all(suit == suits[0] for suit in suits)

# Test the function
hand = "A♠ K♠ 4♠ 4♥ 3♠"
print(is_flush(hand)) # should print True
hand = "A♠ K♠ 4♠ 4♥ 3♣"
print(is_flush(hand)) # should print False
```

ChatGPT 礼貌地解释了该函数的原理，但它提供的测试用例无法匹配函数
本身的实际(并且正确的)行为。

下面进一步引导 AI 使用正则表达式。我在此使用提示语"你能利用正则表达式创建 is_flush() 函数吗？"

ChatGPT 响应

当然可以！下面列出 is_flush 函数的另一种版本，该版本使用正则表达式识别扑克牌是否为同花：

```python
import re

def is_flush(hand):
  # Use a regular expression to extract the suits of the cards
  suits = re.findall(r'[♠♥♦♣]', hand)

  # Check if all the suits are the same
  return all(suit == suits[0] for suit in suits)

# Test the function
hand = "A♠ K♠ 4♠ 4♥ 3♠"
print(is_flush(hand)) # should print True
hand = "A♠ K♠ 4♠ 4♥ 3♣"
print(is_flush(hand)) # should print False
```

该函数使用 re.findall 函数和正则表达式从输入手牌中提取所有花色。然后使用 all 函数检查所有花色是否相同。如果相同，则函数返回 True，否则返回 False。

希望这有所帮助！如果你有任何问题，请告诉我。

我可以继续使用"尝试使用更复杂的正则表达式"之类的提示，但我认为目前的状况可以接受，AI 已经满足了我的要求(但仍然编写了不正确的测试)。

我们再稍微提示一下，使用我在"作者想法"中定义的 API。我尝试的提示语为："使用先前的 is_flush() 函数，你能在找到同花时返回实际的花色，但当没有同花时返回 False 吗？"ChatGPT 仍然专注于我在"对战"开始时给出的扑克牌示例，继续创建不正确的测试，因此我将忽略它们。

ChatGPT 响应

当然可以！下面是一个更新的 is_flush 函数版本，它返回同花的花色；如果手牌不是同花，则返回 False：

```
import re

def is_flush(hand):
  # Use a regular expression to extract the suits of the cards
  suits = re.findall(r'[♠♥♦♣]', hand)

  # Check if all the suits are the same
  if all(suit == suits[0] for suit in suits):
    # Return the suit if it's a flush
    return suits[0]
  else:
    # Return False if it's not a flush
    return False
```

从这次对战中我的总体感觉是，AI 试图告诉我，我在太多情况下都使用了正则表达式；即使其他编码样式更自然和易读，也仍使用正则表达式。

难题 15　玩扑克(第 3 部分)

概要：匹配牌型为四条的扑克牌。

在本难题中，继续匹配扑克牌。在上一难题中，我们处理了顺子和同花(以及简单组合所得的同花顺)。现在有一些其他类型的手牌需要考虑。

接下来的几种手牌之间存在包含关系。也就是说，就像同花顺既是顺子又是同花一样，四条也显然是三条和对子。葫芦既是三条又是对子。但是，我们在此只简单地假定各种测试按适当的强度降序执行。第一个成功的测试将是手牌的分类类型。

因此，在接下来的几个难题中，编写下列函数：

- is_four_of_kind(hand)
- is_full_house(hand)
- is_three_of_kind(hand)

- is_two_pairs(hand)
- is_pair()

这个难题和接下来的几个难题涵盖了各种函数。在查看讨论之前，请尝试自行解决(可能使用共享功能)。

作者想法　如果无法赢，那么你最好作弊

如果我们有四条，则该种牌必须出现在第一张或第二张牌中。实际上，如果继续假设卡片完全有序，则四张牌只能作为初始四张牌或最终四张牌出现。但以下实现不依赖于该顺序：

```
>> def is_four_of_kind(hand):
...     hand = re.sub(r'[^AKQJT98765432]', '', hand)
...     pat = r'^.?(.)(.*\1){3}'
...     match = re.search(pat, hand)
...     # Return the card number as truthy value
...     return match.group(1) if match else False

>>> is_four_of_kind('6H 6D 6S 6C 3S')  ◀——— 排序的
'6'
>>> is_four_of_kind('6♦ 3♠ 6♥ 6♠ 6♣')  ◀——— 未排序
'6'
>>> is_four_of_kind('6H 6D 6S 4C 3S')  ◀——— 不是四条
False
```

AI 想法　机器未来将学会计数

下面询问 ChatGPT 对识别四条的想法。我提供了如下的提示语：

使用我们在本次对战中讨论过的扑克牌编码，你可以编写一个函数来识别四条吗？如果可能，请利用正则表达式解决此问题。

ChatGPT 响应

当然可以！下列 Python 函数使用正则表达式在扑克牌中识别四条：

```python
import re

def is_four_of_a_kind(hand):
  # Use a regular expression to extract the ranks of the cards
  ranks = re.findall(r'[2-9TJQKA]', hand)

  # Check if any rank occurs four times
  return any(ranks.count(rank) == 4 for rank in ranks)

# Test the function
hand = "A♠ K♠ 4♠ 4♥ 4♣"
print(is_four_of_a_kind(hand)) # should print False
hand = "A♠ A♣ A♦ A♥ 3♣"
print(is_four_of_a_kind(hand)) # should print True
```

该函数使用 re.findall 函数和正则表达式从输入手牌中提取所有点数。然后使用 any 函数和 count 方法来检查是否有任何点数出现四次。如果是，则函数返回 True，否则返回 False。

希望这有所帮助！如果你有任何疑问，请告诉我。

前面多次提到，AI 倾向于创建不准确的测试，即使它创建的底层函数是正确的仍然如此。然而，在这种情况下，无论是纯属偶然还是根据它识别的某些模式，测试都是正确的。此外，对于这个难题，AI 在开发测试用例方面表现出一些"独创性"，其点数与难题 13 中提供的示例不同。

显然，在此处以及其他情况下，ChatGPT 不会像作者一样努力提供仅强调正则表达式的解决方案，因此其编写的代码将更好、更优雅。话虽如此，我的略显晦涩的正则表达式名义上性能将更高，因为 AI 解决方案循环遍历存在的每个点数。正如计算机科学家经常评论的那样："有谎言，该死的谎言和基准测试。"要对我所表述的性能持怀疑态度。

当你处理下一个有关葫芦的非常相似的难题时，请记住这个 AI 响应。通过比较，很可能出现一个道德教训。

难题 16　玩扑克(第 4 部分)

概要： 匹配牌型为葫芦的扑克牌

记住我们只需要最小限度地识别每种类型的手牌，回顾一下可能的手牌：

- is_four_of_kind(hand)
- is_full_house(hand)
- is_three_of_kind(hand)
- is_two_pairs(hand)
- is_pair()

我们在上一个难题中解决了四条的情况，现在我们想要处理葫芦牌型。编写一个函数，尽可能使用正则表达式来识别包含葫芦牌型的一手牌。

作者想法　**你可能会冒险识别"死者之手"牌型**

解决此难题的一种方法是在同一手牌中识别 is_three_of_kind() 和 is_pair()。每个葫芦都将匹配这些函数。但是，在许多明显实现这些支持函数的方法中，由两张初始牌组成第三张牌会触发 is_pair()，即使最后两张牌没有匹配，仍然可以触发。为实现这一点，有多种方法，但此处直接进行处理。

对于这个解决方案，我们使用正则表达式来剥离花色，同时匹配实际模式。可以利用扑克难题第 1 部分中的 cardsort() 函数来保证手牌已排序。还确保它是"较好"的版本，而不是 ASCII 版本，因为排序假定这一条件。

模式本身是两个高数字跟随三个低数字，或者是三个高数字跟随两个低数字。为便于以后使用，我们可以很好地返回三张牌的数字作为匹配中的"真实"值。在大多数扑克规则中，在相同的手牌之间评估获胜情况时，三张牌匹配的优先。

```
>>> def is_full_house(hand):
...     try:
...         hand = prettify(hand)
...     except:
```

```
...         pass  # Already pretty
...     hand = cardsort(hand)
...     hand = re.sub(r'[^AKQJT98765432]', '', hand)
...     # Either three of suit then two of other, or
...     # Two of suit then three of other
...     pat = r"^((.)\2{1,2})((.)\4{1,2})$"
...     match = re.search(pat, hand)
...     if not match:
...         return False
...     elif len(match.group(3)) > len(match.group(1)):
...         return hand[4] + hand[0]
...     else:
...         return hand[0] + hand[4]
>>> is_full_house(prettify('AS AC 8H 8D 8C'))
'8A'
>>> is_full_house(prettify('AS AH AC 8D 8C'))
'A8'
>>> is_full_house(prettify('AS AH JD 8D 8C'))
False
```

这个解决方案涉及适量的非正则表达式 Python。但是，其核心也减少到仅包含数字，与 is_four_of_kind()情况相同。仅 Python 部分是为了提供友好的真实值，而不是询问谓词本身。

AI 想法　自由意志是不自由的

早在之前的与扑克有关的练习中就开始与 ChatGPT 对战，继续该对战将产生类似的结果。总的来说，可以说服 AI 利用正则表达式。这使得 Python 代码更好，但在讲授正则表达式方面可能没有太大的教学价值。

在这里，我提出了一个问题，利用了 ChatGPT 对上下文敏感的性质：

> 使用我们在此对战中讨论的扑克牌编码，你能写一个函数来识别一个葫芦吗？如果可能，利用正则表达式解决这个问题。

ChatGPT 响应

当然可以！以下 Python 函数使用正则表达式在扑克手牌中识别一个葫芦：

```python
import re

def is_full_house(hand):
    # Use a regular expression to extract the ranks of the cards
    ranks = re.findall(r'[2-9TJQKA]', hand)

    # Check if there are two ranks that each occur three times
    return len(set(ranks)) == 2 and \
            (ranks.count(ranks[0]) == 3 or
             ranks.count(ranks[1]) == 3)

# Test the function
hand = "A♠ K♠ 4♠ 4♥ 4♣"
print(is_full_house(hand)) # should print True
hand = "A♠ K♠ 4♠ 4♥ 3♣"
print(is_full_house(hand)) # should print False
```

此函数使用 re.findall 函数和正则表达式从输入手牌中提取所有点数。然后使用 set 和 count 函数检查是否有两个点数都出现三次。如果是这样，函数返回 True，否则返回 False。

我希望这有所帮助！如果你有任何问题，请告诉我。

这个答案非常易于接受。大部分"逻辑"感觉都是正确的。我们确实需要恰好有两种不同的点数，而且确实希望其中一个由三个项组成。通过基本的算术运算，这确实意味着另一排名由两张牌组成。当然，AI 并没有执行这个算术，却不知道怎么就做到了！

对于 AI 编程工具的一般实用性来说，更令人印象深刻的是，我从未为机器定义过一个葫芦是什么。AI 编程工具需要从某些上下文知识中进行"了解"。这个定义可能在训练中使用的数百万代码示例中被呈现，但我觉得这个定义更常在训练使用的语料库中的非代码文本中描述。

当然，像大多数这些例子一样，提供的测试用例是明显错误的。第二个手牌确实不是葫芦，但第一个手牌也不是。然而，AI 已经"尝试"通过使用三张点数为4的牌创建一个葫芦来测试，而不是在先前例子中提供的点数集合A、K、4、4、3中测试。此外，尽管 ChatGPT 有点专注于我提供的点数，但它出现错误的先前测试用例已经修改了可能的不同花色。在看到的有限示例中，它从未在一手牌中创建两张既具有相同点数又具有相同花色的牌；我无法判断这只是单纯的好运，还是这个约束条件真正来自其训练。

亲爱的读者，暂停片刻，再次查看所提供的函数本身。我们可以明确规定所有的手牌都已正确排序，正如我在很多人类解决方案中所假设的那样。

实际创建的函数永远无法正确地识别一个葫芦。然而，可通过改变函数的一个字符来得到一个好的答案。可在 Python shell 中探究出错之处：

```
>> is_full_house("K♠ K♥ 4♠ 4♥ 4♣")
False
>>> ranks = re.findall(r'[2-9TJQKA]',
...                    "K♠ K♥ 4♠ 4♥ 4♣")    ◀─── ChatGPT 函数的第一步操作
>>> ranks
['K', 'K', '4', '4', '4']    ◀─── 正确的排名集合
>>> len(set(ranks))    ◀─── 不同排名的数量与所需的一致
2
>>> ranks[0], ranks[1]    ◀─── 评估中使用的两个排名，按位置排列
('K', 'K')
```

无论高点数是发生两次还是发生三次，一个葫芦中的 ranks[0]和 ranks[1] 都将始终相同。修复 AI 函数非常简单，但需要执行有用的操作：

```
def is_full_house(hand):
  # Use a regular expression to extract the ranks of the cards
  ranks = re.findall(r"[2-9TJQKA]", hand)

  # Check if there are two ranks that each occur three times
  return len(set(ranks)) == 2 and \
          (ranks.count(ranks[0]) == 3 or
           ranks.count(ranks[-1]) == 3)
```

无论如何在排序后的手牌中划分葫芦([2,3]与[3,2])，最后一张牌始终与第一张牌的点数不同。

难题 17　玩扑克(第 5 部分)

概要：匹配牌型为三条、双对和一对的扑克牌。

在前几个难题中，我们确定了四条和葫芦。这个难题的大部分逻辑将与上述相似，但会针对接下来的情况进行一些微调。

在扑克牌正则表达式系列中，只剩下了识别三条、一对和双对的任务。与上面同理，可假设测试各种手牌的顺序是按强度降序排列的。因此，例如，如果你测试一对的时候无意中检测到一个手牌有四条，那也没关系，因为它确实含有一对。

对于这个难题，创建以下三个函数：

- is_three_of_kind(hand)
- is_two_pairs(hand)
- is_pair()

作者想法　**请记住三比二多，但比四少**

识别一对或三条非常类似于识别四条，只是重复次数较少。虽然可以不对手牌进行排序，但若像葫芦解决方案那样进行排序，会更容易：

```
>>> def is_three_of_kind(hand):
...     try:
...         hand = prettify(hand)
...     except:
...         pass  # Already pretty
...     hand = cardsort(hand)
...     hand = re.sub(r'[^AKQJT98765432]', '', hand)
...     pat = r'(.)\1{2}'  # No begin/end markers
...     match = re.search(pat, hand)
...     return match.group(1) if match else False

>>> is_three_of_kind('AS 6H QH 6S 2D')
False
```

```
>>> is_three_of_kind('AS 6H QH 6S 6D')
'6'
```

识别一对基本上是相同的。我们只需要查找牌面的一个(而非两个)副本：

```
def is_pair(hand):
    try:
        hand = prettify(hand)
    except:
        pass  # Already pretty
    hand = cardsort(hand)
    hand = re.sub(r'[^AKQJT98765432]', '', hand)
    pat = r'(.)\1'  # No begin/end markers
    match = re.search(pat, hand)
    return match.group(1) if match else False
```

匹配双对较为困难。请记住，对于一个葫芦，我们匹配了两个相同的数字，其后跟随另外三个相同的数字，或者按照相反方式匹配，先三个再两个。然而，这种情况下，"未匹配数字"的"间隙"可以更不同方式出现。考虑到这一点，双对可能看起来像以下任何一种情况(即使已经排序)：

- X X _ Y Y
- _ X X Y Y
- X X Y Y _

未匹配的数字不能出现在排序后的位置 2 或 4，因为这样未匹配数字的另一侧只会剩下三张牌(我们已经规定了手牌的排序顺序)。

与其他情况一样，我们返回一个有用的"真实"值，该值可在后面用于比较相同类型的手牌(即两个成对的数字，按顺序排序)：

```
>>> def is_two_pairs(hand):
...     try:
...         hand = prettify(hand)
...     except:
...         pass  # Already pretty
...     hand = cardsort(hand)
...     hand = re.sub(r'[^[AKQJT98765432]', '', hand)
...     # Three ways to match with unmatched number
...     pat = (r"(.)\1.(.)\2|"
...            r".(.)\3(.)\4|"
```

```
...              r"(.)\5(.)\6."
...        match = re.search(pat, hand)
...        if not match:
...            return False
...        else:
...            return ''.join(n for n in match.groups() if n)

>>> is_two_pairs('AH 6S 3H AD 6C')
'A6'
>>> is_two_pairs('AH 6S 3H AD 3C')
'A3'
>>> is_two_pairs('AH 6S 3H KD 3C')
False
```

你的扑克游戏程序的剩余部分留作进一步的练习。你需要完成的其余部分与正则表达式无关，只涉及通常的程序流程和数据结构。

AI 想法　数到二

与前几个扑克难题一样，难题的几个较小组件都提供给读者，但只有其中一个组件提供给一个 AI 编程工具。在前几个难题中与 ChatGPT 进行了几次愉快的对战后，我希望在这种情况下回到 Copilot。Copilot 具有稍微不同的回答风格，并且目前与代码编辑器的集成更加紧密。

在 AI 建议函数之前，提供提示语作为注释块，此后我对表述进行了几次修订，并最终需要使用请求多个建议的按键，而不仅是允许默认完成。正如我们经常在 Copilot 中看到的那样，AI 通常很容易为进一步的代码注释提供许多合理的建议，但无法提供实际代码。许多 Copilot 的建议都有这种特点，但在以下情况下，根据我的提示语，Copilot 在函数体中提供了相当多的文档，但也包括真实的功能代码：

David Mertz
的提示语

```
# Given a text that represents cards in a standard card deck.
# A poker hand my be represented as "A♥ 4♠ 4♥ K♦ 3♠".
# The 10 of a suit is represented as "T", such as "T♠".
# This function identifies whether a poker hand contains
# two cards of the same rank using regular expressions.
def has_pair(text):
```

```
# Use a regular expression to find pairs of cards
#  with the same rank.
# The regular expression is case insensitive.
# The regular expression matches a card rank
#  followed by a suit.
# The card rank is a single character that is not a suit.
# The suit is a single character that is not a card rank.
# The regular expression matches two or more cards.
# The regular expression matches cards that are separated
#  by zero or more spaces.
# The regular expression matches the entire string.
# The regular expression is greedy.
# The regular expression is case insensitive.
# The regular expression is compiled once and reused.
has_pair_regex = re.compile(
    r"([^\u2660\u2665\u2666\u2663])\1+",
    re.IGNORECASE | re.DOTALL)
# Find all pairs of cards with the same rank.
pairs = has_pair_regex.findall(text)
# Return whether there is at least one pair.
return len(pairs) > 0
```

Copilot 的
附加注释

函数内部的冗长注释与面试候选人解释自己的思路时的描述十分类似，甚至可以作为编码考试中的描述。对于代码样式，我不想要太多细节——所需要的细节应该是 Python 中的一个文档字符串——但每个注释的实际含义都非常合理且正确。

Copilot 成功识别了花色符号的 Unicode 代码点，而我在注释中直接将其用作字符。这样做不一定令人印象深刻，但确实非常有助于编写代码(究竟应该使用难以输入但易懂的符号表示代码，还是应该使用难懂但易于输入的数值代码点，仍然存在争议；但选择是合理的)。

我发现使用的特定正则表达式非常明智，但也有错误。根据我们使用的约定格式化的任何扑克手牌可能都无法匹配该模式。任何"非花色字符"都是点数或空格，这些字符永远不会立即后跟相同的字符(但可能在额外的花色字符和空格后出现)。因此，在创建的代码附近也许隐藏着一个好的解决方案。

如果我们想象一个更简单的"手形"表示，就可以看出正在发生什么：

```
>>> import re
>>> has_pair_regex = re.compile(
...     r"([^\u2660\u2665\u2666\u2663])\1+",
...     re.IGNORECASE | re.DOTALL)
>>> >>> has_pair_regex.findall("AK932")
[]
>>> has_pair_regex.findall("AK992")
['9']
>>> has_pair_regex.findall("AA922")
['A', '2']
>>> has_pair_regex.findall("AAA22")
['A', '2']
```

Python 的 re.findall()值得关注：它匹配的是模式中的组而不是整个模式。因此，即使点数重复一次或多次，也只有组中第一个这样的字符出现在生成的列表中。这不能区分两对和三条(或四条)，但可获得"至少为两对"的各种点数的列表。

当然，可通过各种方式修改模式，保持匹配非花色字符(可能还将空格从该类中排除)。当我们看到这样的 AI 编程工具建议时，作为人类程序员应该谨慎地持怀疑态度；代码建议中可能有好的想法，但仍然需要人类程序员来最终确定。

第 **5** 章

简单、困难和不可能的任务

对于某些情况，用正则表达式可能难以完成，甚至不可能完成，但大多数情况下正则表达式都很优雅且高效。本章中的难题要求你思考描述的情形。

难题 18　识别相等计数

概要： 在这个难题中，我们希望平衡起始和结束符号。

有时我们会遇到一个使用平衡的"递增"和"递减"符号的消息或流。例如，检查消息是否已终止的一种方法可能是匹配递增和递减。同样的概念也适用于许多种消息和符号——例如，你可能想将相同数量的刀叉摆放在餐桌上。

为简化通用问题，编写一个正则表达式，使其匹配由任意数量的 A 字符后跟相同数量的 B 字符组成的字符串。

例如，AAABBB 和 AAAAAAABBBBBBB 应该匹配，而 AAAABBBBB 应该不匹配。

作者想法　侧面思考可能有助于找到答案

使用正则表达式，你无法基于数量相同的不同符号来匹配模式，或者至少在一般情况下无法这样做。当然，可以要求恰好有七个 A 和七个 B。但是如果计数较大，那么能够匹配消息的"机器"需要额外动力。

在计算机科学或数学术语中，正则表达式等效于非确定性有限自动机 (Nondeterministic Finite Automaton，NFA)，其中正则表达式提供了对这种 NFA 的非常紧凑的拼写方式。更强大的机器包括具有无限大的存储符号"堆栈"的下推自动机(Pushdown Automata，PDA)。人们经常遇到 PDA 作为解析器。即使是非确定性的 PDA，在形式上仍然比图灵机弱。

简单来说，如果要计算出现的次数，就需要使用可以存储数字的变量(或可以存储符号的类似列表的数据结构)。

许多正则表达式的新用户会掉入陷阱中，他们认为这个难题能够解决，或者更常见的是匹配左括号、右括号、方括号或 XML / HTML 标记之类的等效物。正则表达式虽然复杂，但不包含变量或数据结构。

AI 想法　未涉足的领域

当前的 AI 编程工具无法注意到这里的问题。实际上，Copilot 和 ChatGPT 在这个难题中都犯了同样的错误。在两者中，像往常一样，ChatGPT 对其错误表现更加自信。

Copilot 对我创建的注释给出了简洁但错误的答案：

```
# This regular expression only matches strings that consist
# of any number of 'A' characters, followed by the same
# number of 'B' characters.
pattern = re.compile(r'^(A+)(B+)$')
```

此模式仅匹配一个或多个 A，后跟一个或多个 B。无法限制它们的数量相同。

在相同的提示语下，ChatGPT 的回答如下。

ChatGPT 响应

下列正则表达式只匹配由任意数量的 A 字符后跟相同数量的 B 字符组成的字符串：

```
^(A+)(B+)$
```

该正则表达式使用^和$符号分别将模式锚定在字符串的开头和结尾。 A+ 和 B+模式分别匹配一个或多个 A 或 B 字符。每个模式周围的括号捕获匹配的字符，供以后需要时访问。

以下是一些将匹配此正则表达式的字符串示例:

- AB
- AAB
- AAABBB
- AAAABBBB

以下是一些不匹配的字符串示例:

- A(没有 B 字符)
- B(没有 A 字符)
- AAAB(A 字符多于 B 字符)
- AABBB(B 字符多于 A 字符)

这个错误值得关注之处在于,AI 一定程度上"理解"了我向它提出的问题,但生成了不正确的代码。正如所述,AAABB 确实会匹配正则表达式,但显然它不应该匹配该模式。但是,所谓不匹配的模式的描述出奇地符合请求的行为。当然,这两个 AI 提出的正则表达式实际上会匹配 AAAB 和 AABBB。不知为何,从请求中正确地提取了不应匹配的上下文。

作为一个非常小的争议,逻辑学家会指出,"任何数量的 A 字符"应该包括零个 A 字符。因此,量词*可能比+更合适;但我认为,即使是普通的英语也无法从我提供的描述中明确辨别应该选择哪种行为。

难题 19 在重复单词之前匹配

概要: 匹配避免在完整字符串中重复的初始前缀。

如果看过上一个难题,你会发现,有些你预期可用正则表达式匹配的模式无法用正则表达式表示。思考一下这个难题是否可以解决,如果可以,找出解决方法。也可能无法解决,所示示例中的假设 pat 可能不存在。

编写一个正则表达式,使其匹配字符串的所有初始单词(包括可能围绕单词的任何标点符号或间距),在重复该字符串中的任何单词之前停止。例如:

```
s1 = "this and that not other"
assert re.match(pat, s1).group() == s1
```

注意，re.match()在查找匹配项时始终从字符串开头开始。如果你喜欢用 re.search()，则需要以^开始模式。在第一个示例中，短语中没有单词重复，因此整个短语都匹配。第二个示例有点不同：

```
s2 = "this and that and other"
assert re.match(pat, s2).group() == 'this '
```

第一个单词 this 从未重复，但第二个单词 and 稍后在短语中出现，因此必须排除它及其后的所有内容。

作者想法　找到一个满足要求的模式

这种匹配模式确实可以用正则表达式编写。我们需要使用反向引用进行检查，但正则表达式引擎的标准功能如下：

```
((\w+\b)(?!.*\2\b)\W*)+
```

除了反向引用，还使用了负向先行断言。也就是说，要匹配的基本内容是 (\w+\b)\W*)+。也就是说，匹配一个或多个字母数字字符 \w 后跟一个单词边界。这个 "单词" 可能后跟零个或多个非字母数字字符。然后，在整体上，匹配该通用模式的一个或多个重复。如果字母数字类过于宽泛，可将其限制为 [A-Za-z]，而不改变总体概念。

到目前为止，还没有出现问题。但我们还没有排除重复的单词。我们用负向先行断言 (?!.*\2\b).*来实现这一点。

也就是说，我们想要查看正在评估的整个字符串的剩余部分，并确保不遇到当前匹配的单词。最初的 .* 只匹配任意数量的字符，但\2 就是当前实际的单词。在负向先行断言中仍然使用单词边界，因为允许具有当前单词前缀的更长单词。

请记住如何对组进行编号。由于整个表达式(除了 + 量词之外)周围有括号，因此整个该部分都是第一组。其中匹配当前单词的第一个子模式是第二组，因此命名为\2。

AI 想法　**深度模仿 Chomsky 的层次结构**

对于这个难题，我为 ChatGPT 使用的提示语是：

请编写一个正则表达式，以匹配字符串的所有初始单词(包括可能围绕单词的任何标点符号或间距)，在重复该字符串中的任何单词之前停止。

我复制了 AI 的相当详细的完整响应，因为它包含了很多吸引人的正确内容和愚蠢的错误内容。

ChatGPT 响应

下列正则表达式将匹配字符串的所有初始单词，在重复该字符串中的任何单词之前停止：

```
\b(\w+)\b(?!.*\b\1\b)
```

说明如下：

- \b 是一个单词边界，它匹配一个单词字符(由\w 定义)和一个非单词字符之间的位置。
- (\w+)是一个捕获组，用于匹配一个或多个单词字符(字母、数字或下画线)。使用捕获组以捕获匹配的单词。
- (?!…)是负向先行断言，这意味着如果在先行断言内发现模式立即跟随当前位置，则正则表达式不应匹配。
- .*是一个通配符，它匹配任何字符(换行符除外)零次或多次。
- \b 是单词边界，如上所述。
- \1 是对第一个捕获组的反向引用，它引用由(\w+)匹配的单词。

这个正则表达式将匹配字符串中的第一个单词，后跟任何字符串中未出现过的单词。如果单词曾在字符串中出现过，则负向先行断言将使得正则表达式停止匹配。

例如，正则表达式将匹配以下字符串：

- "The quick brown fox" (匹配： "The quick brown")
- "foo bar baz" (匹配： "foo bar")

但它不会匹配以下字符串：

- "foo bar foo" (无匹配项)

> ■ "The quick brown the"(无匹配项)

从哪里开始？提供的模式大多数是正确的。特别是，它捕获了使用负向先行断言的主要思想。它不完全正确，因为它只会匹配第一个单词(如果它从不重复)或根本不匹配(如果它重复)。

通过在正则表达式周围添加一些额外的括号并使用 * 或 + 对整个组进行量化，可以轻松改进 ChatGPT 的答案。唯一的区别是，我们是否希望在第一个单词重复的情况下返回空字符串或 None；无论何种情况都是对问题陈述的合理解释。

此外，ChatGPT 提供的对正则表达式每个元素的详细说明表述合适且正确。我不确定为什么此提示语会对正则表达式的每个小元素产生如此详细的描述，而其他提示语则产生了较简短的响应。也许 AI 为自己找到负向先行方法而感到自豪，因此更加健谈。

让我更困惑的是，在上一个难题中，正则表达式是错误的，但解释和示例大多数是正确的。然而，在这个难题中，正则表达式基本正确，但解释和示例是完全错误的。

字符串"The quick brown fox"应完全符合规定目标，但根据建议的正则表达式仅匹配"The"。因此，在两次计数中都声称匹配"The quick brown"是错误的。"foo bar baz"示例错误的方式同理。

AI 实际上在"foo bar foo"中是正确的，根据规定的目标或提供的模式匹配。但是，"The quick brown the"稍微有点错误。也就是说，如果我们将模式调整为不区分大小写，那么"The"和"the"将是单词重复，因此不会匹配；AI 在负面的例子中有一些合理的想法。

难题 20 测试 IPv4 地址

概要：作为实际应用，匹配 IPv4 地址的格式。

使用计算机时，"Internet protocol version 4"地址几乎无处不在。在后台，IPv4 地址只是一个 32 位无符号整数。然而，通常将它们以人类可记忆的方式写成"点分四元组"。在这种格式中，地址的每个字节都表示为 0 到 255 之间的十进制数(整数字节的范围)，四个字节之间用点分隔。

某些特定的地址范围具有特殊或保留的含义，但它们仍然是 IPv4 地址，并且应该匹配此难题。你能编写一个正则表达式来测试字符串是否为有效的 IPv4 地址吗？下面列出一些例子。

- 有效：192.168.20.1
- 无效：292.168.10.1
- 无效：5.138.0.21.23
- 无效：192.AA.20.1

其中第一个是一个好地址；它恰好是用于组织内部地址(通常是一个特定的路由器)的范围，因此存在于许多本地网络中。其他三个地址由于各种原因而失败。

第一个无效地址在一个四分之一段中包含超出所允许整数范围的数字。第二个无效地址有五个点分元素而不是四个。第三个无效地址在一个四分之一段中包含十进制数字以外的字符。

作者想法　询问正则表达式是否足以解决问题

匹配简单的点分四元组很容易，由四个数字组成，每个最多有三位，由点分隔。可将其表示为：

```
^(\d{1,3}\.){3}\d{1,3}$
```

这段代码确实会匹配每个 IPv4 地址。但也会匹配许多无效的内容，如 992.0.100.13。匹配以 3～9 开头的三位数肯定是错误的。可只允许能接受的百位数字，从而尝试修正这个疏忽：

```
^([12]?\d{1,2}\.){3}[12]?\d{1,2}$
```

上述得出的误报较少。它说"也许从 1 或 2 开始，后跟一位或两位"(针对点分四元组重复该结构)。到目前为止，一切正常：992.0.100.13 被排除在外。但我们仍然可能接受 271.10.199.3，其第一个四分之一段无效。

要修正该模式，必须克服困难列出所有允许的四分之一段。也就是说，如果四分之一以 25 开头并且有三位，则下一个数字只能是 0~5。如果以 2 开头，则下一位肯定不能超过 5。

```
^((25[0-5]|2[0-4]\d|[01]?\d\d?)\.){3}(25[0-5]|2[0-4]\d|[01]?\d\d?)$
```

该模式较为冗长，但是当我们了解到该模式的构建方式时，该模式变得非常简明。数字量词 {3} 之后的所有内容只是早期子模式的重复。这仅仅是因为我们匹配了三个数字，后面带有一个句点，但是最后一个数字后不能加任何东西。

主要子模式只是选项的交替。也许四分之一段类似于 25[0-5]，也许类似于 2[0-4]\d。这些描述了 200+范围内的所有有效数字。对于其余的，我们变得更加变通。

如果四分之一段不是以 2 开头的三位数，那么它可以是以 1 或 0 开头的三位数。通常，作为开头的 0 被删除，但这不是必需的。但是，两位数或一位数也很常见；允许任何这样的两位数或一位数。因此，我们将初始 [01] 选项变为可选项，并使用 \d? 使最后一位数字成为可选项，从而获得其余所有允许的四分之一段。

AI 想法　我想成为一台机器

在撰写本书时，不同的 AI 编程工具解决此问题的质量有所不同。当我第一次尝试向 Copilot 使用代码注释"匹配一个 IPv4 地址"时，我得到了以下建议：

```
re.compile(r'(?P<first>\d+)\.(?P<second>\d+)\.' +
           r'(?P<third>\d+)\.(?P<fourth>\d+)')
```

这个建议相当糟糕。它确实会匹配每个 IPv4 地址，但也会匹配每个类似点分四元组的字符串，其每个位置带有至少一位。例如，56789.1.0.0987654 在这里被称为 IPv4 地址。

有趣的是，Copilot 建议对 IPv4 地址的各个部分使用命名组。这通常是一个好主意，以后可根据提供的地址使用/16 或/24 子网；但是，我并未在提示语中指出潜在的需求。

但是，我几天后(在 GitHub 代码空间而不是在本地 Neovim 插件中；这可能无关紧要，但多说无妨)再次尝试 Copilot。在这次尝试中，Copilot 提出了好一点的答案：

```
re.compile(r"""
    (\d{1,3})\.(\d{1,3})\.(\d{1,3})\.(\d{1,3})
    # Match 4 groups of 1-3 digits""", re.VERBOSE)
```

注意，代码注释是由 Copilot 编写的。这个答案仍然是错误的，但相对于接受误报的第一个答案，这个答案只允许长度为 1～3 的位数序列，从而排除了许多误报。

ChatGPT 非常出色地完成了这项任务。我对其最初的提示语是"编写一个正则表达式以匹配一个 IPv4 地址。"这个提示语产生了常见的回答："对不起[...]，我是一个大型语言模型[...]，我的知识有限。"

我尝试修改提示语为：

编写一个 Python 程序以匹配一个 IPv4 地址。

它的回答开始于"下列 Python 程序使用正则表达式匹配一个 IPv4 地址。"对于人类而言，两种情况下的回应的对比很有趣。但 AI 产生了一个非常优秀的函数，带有优秀的测试用例和一个非常清晰的英语描述，说明了使用了这段代码的原因：

```python
def match_ipv4_address(string):
    regex = r"\b(?:(?:25[0-5]|2[0-4][0-9]" \
            r"|1[0-9][0-9]" \
            r"|[1-9]?[0-9])\.){3}" \
        r"(?:25[0-5]|2[0-4][0-9]|1[0-9][0-9]|[1-9]?[0-9])\b"
    return re.search(regex, string) is not None

print(match_ipv4_address("192.168.1.1"))      # True
print(match_ipv4_address("1.1.1.1"))          # True
print(match_ipv4_address("255.255.255.255"))  # True
print(match_ipv4_address("0.0.0.0"))          # True
print(match_ipv4_address("invalid_ip"))       # False
```

代码基本上是正确的。例如，我认为'+\d{2}+'比[0-9][0-9]更具表现力、更紧凑。严格来说，我还可能指出，Unicode 类"十进制数字(Nd)"包括除了阿拉伯数字之外的其他字符，而且可以认为 IPv4 地址应该允许这些字符。

难题 21　匹配数字序列

概要：匹配代表连续数字加倍的序列。

提示：这个难题是可以解决的。但对于接下来的三个相关的难题，我不会给你同样的保证。

正则表达式并不真正理解数字。7 或 777 可能是字符串中匹配的数字序列，但对于正则表达式来说，它们与任何其他字符模式没有根本区别。量词可以表示数字，0/1 是？，0 或更多是*，1 或更多是+。在像 Python 使用的扩展正则表达式中，我们甚至可表示特定的计数，例如{3,6}表示"至少三个，且不超过 6 个。"但这些是具体数字，而不是计算的量词。

尽管如此，我们希望使用正则表达式识别不同的整数序列并排除其他整数序列。这里的诀窍是，可将整数表示为相同字符的重复，并且这些重复次数可以表示数字。

具体而言，对于这个难题，你希望识别的字符串表示连续加倍并排除不具有该模式的所有字符串。我们在一个单位中使用符号@，只是因为它可用且在正则表达式模式中不具有特殊含义。空格可分隔数字。例如：

```
>>> s1 = "@@@ @@@@@@ @@@@@@@@@@@@ "        ◀───── 3612
>>> s2 = "@ @@ @@@@ @@@@@@@@ @@@@@@@@@@@@@@@@ "◀── 124816
>>> s3 = "@@ @@@@ @@@@@ @@@@@@@@@@ "        ◀───── 24510
>>> s4 = "@ @ @@ @@@@ "        ◀───────── 1124
>>> for s in (s1, s2, s3, s4):
...     match = re.search(pat, s)
...     if match:
...         print("VALID", match.group())
...     else:
...         print("INVALID", s)
```

```
VALID @@@ @@@@@@ @@@@@@@@@@@@                    ←——————— 3612
VALID @ @@ @@@@ @@@@@@@@ @@@@@@@@@@@@@@@@         ←——————— 124816
INVALID @@ @@@@ @@@@@ @@@@@@@@@@                 ←——————— 24510
INVALID @ @ @@ @@@@                              ←——————— 1124
```

你想要创建的模式应匹配遵循加倍序列的任何长度的字符串，并拒绝未能从头到尾遵循的字符串。字符串中的最后一个"数字"将始终后跟一个空格，否则它未被终止，不应匹配。

作者想法　**排除不可能，留下解决方案**

首先给出解决方案，然后解释其有效之处：

$$\verb|^(((@+))(?=\3\3))+(\3\3)$|$$

这里执行的几个步骤如下：

(1) 确保从字符串的开头开始(^)。这是 s4 失败之处；它作为后缀加倍，但我们需要从头开始。

(2) 匹配至少一个@符号，直到一行中出现最多个@符号。在该组@符号之后，有一个不属于该组的空格。

(3) 先行断言的@符号的模式是前面的组的两倍。我将其直观拼写为\3\3，但也可将其拼写为\3{2}，以表示相同的内容。

(4) 最后，在所有这些重复的先行断言和组之后，收集与字符串末尾之前的先行断言相同的模式。我们希望在 match.group()中拥有整个序列，而不是省略最后一个"数字"。

AI 想法　**小麦和棋盘**

与许多这些难题一样，ChatGPT 提供的响应基本上是正确的，或者包含了正确想法的某些内容，但并非实际的解决方案。仅仅向你展示正确和错误之处可能变得重复乏味。

我认为这是一个旁敲侧击的好时机。我可以要求 AI 编程工具完成我正在处理的某些代码，对于这些代码，我只大致描述其目的。通常，它将创建基本正确的内容，且其中的错误较易修复。当然，在接受任何这样的解决方案之前，我作为一位经验丰富、称职的程序员需要仔细审查建议。

我建议的唯一真正方法是，测试驱动的开发几乎总是正确的开发代码库的方式。如果没有测试覆盖范围——以及实际运行为开发过程的一个组成部分的测试——则无法确认代码是否正确。 AI 编程工具也可以帮助编写测试；但是单元测试的关键特征是，它必须易于被不够专业的读者识别(这也意味着我们需要审查 AI 建议的单元测试)。

在这个难题中，我向 AI 提出的问题是：

> 假设整数序列由重复字符表示，由空格分隔。例如，序列 1、3、5 表示为 @ @@@ @@@@@。请编写一个正则表达式，检测这样的序列是否表示每个数字加倍前一个数字。

ChatGPT 响应

下列正则表达式检测给定字符串是否表示每个数字是前一个数字的两倍的整数序列：

```
^@(?: \@{2})*$
```

说明：

- ^和$分别将正则表达式锚定到字符串的开头和结尾。
- @匹配字符@。
- (?:...)是一个非捕获组，这意味着它将一组模式组合在一起，但不将匹配的文本作为单独的组捕获。
- \@{2}精确匹配两次字符@。
- 非捕获组后的*表示前面的模式(这种情况下为\@{2})可以匹配零次或多次。

这个正则表达式将匹配以@字符开头的字符串，后跟零个或多个空格，再跟两个@字符。

存在正确的内容。我们需要使用的核心思想确实是反向引用和量词或重复，以指示它出现两次。然而，ChatGPT 提出的模式将匹配@ @@，但几乎没有我们实际想要的其他模式。例如，@ @@ @@ @@将匹配，但有效字符串

@ @@ @@@@或@@@ @@@@@@将不匹配。有关如何将解决方案与
ChatGPT 提出的解决方案进行比较，留给读者练习。

　　为对 AI 公平，我仅要求判断模式是否匹配，而不返回实际的匹配组。在
这种更弱的约束条件下，可能有一种方法使非捕获组有效，而不是更复杂的"前
行断言加后缀"方法。我也没有用提示语将所需的尾随空格作为分隔符，但我
认为该区别相对不重要。

难题 22　匹配斐波那契数列

　　概要：匹配表示特定知名数字序列的字符串——斐波那契数列。

　　这个难题比上一个题更难。正则表达式是否足以表达这个序列并不明显。
在翻到下一页之前，请考虑你的解决方案或其不可行的原因。

　　斐波那契数列是一个著名的递归关系，其序列中的每个数字是前两个数字
的和。因此，前几个斐波那契数是：

```
1 1 2 3 5 8 13 21 34 55 89 144
```

　　事实上，斐波那契数列只是无限数量的递归序列之一，通常称为 Lucas 序
列。 Lucas 数是其中一个序列，其中初始元素为 2 和 1(而不是 1 和 1)。我们
在此希望匹配"类似斐波那契数列"的序列，其中给定两个元素，下一个元素
是前两个元素的总和。

　　与上一个难题一样，我们通过后跟空格的@符号重复来表示数字序列。
例如：

```
fibs1  = "@ @ @@ @@@ @@@@@ @@@@@@@@ "    ◀————————— 匹配：112358
fibs2  = "@ @ @@ @@@ @@@@@ "            ◀————————— 匹配：11235
lucas1 = "@@ @ @@@ @@@@ @@@@@@@ @@@@@@@@@@@ "   ◀——— 匹配：2134711
lucas2 = "@@@ @ @@@@ @@@@@ @@@@@@@@@ @@@@@@@@@@@@@@ "  ◀— 匹配：3145914
wrong1 = "@ @ @@@ @@@@ @@@@@@@ @@@@@@@@@@@ "   ◀————— 不匹配：1134711
wrong2 = "@ @ @@ @@@ @@@@ @@@@@@@ "          ◀————— 不匹配：112347
wrong3 = "@ @ @@ @@@@ @@@@@ "              ◀————— 不匹配：11246
```

你能创建一个在编码字符串中只匹配类似斐波那契数列的序列的正则表达式吗？

作者想法　黄金螺旋完美概括了斐波那契数

事实证明，正则表达式可用于匹配正确编码的类似斐波那契数列的序列。将两个先前的元素相加很像在上一个难题中所做的将前一个元素加倍。

解决这个难题与上一个难题的主要区别是，我们需要在前行断言模式中反向引用两个组，而不仅是一个。在查看此解决方案前，请先了解上一个难题的解释。这个正则表达式非常复杂，需要使用冗长形式才能理解它。

注意，在冗长格式中，要指定文本空格，我们必须使用\；但在前行断言组中，我们需要使用[ ]，因为它会被误认为是部分反向引用：

```
pat = re.compile(r"""
  ^                       # Start of candidate sequence
  (                       # Group that will be repeated
    ((@+)\ (@+)\ )        # Two blocks of one or more @'s
    (?=$|\3\4[ ])         # Lookahead to concatenation of last two
  )+                      # Repeat numbers plus sum at least once
  (@+\ )?                 # Capture the final "number"
  $                       # End of candidate sequence
""", re.VERBOSE)

for name, seq in seqs.items():
    match1 = re.search(pat, seq)
    match2 = re.search(pat, seq.split(" ", 1)[1])
    match = match1 and match2
    print("VALID" if match else "INVALID", name, seq)
```

seqs 是要评估的字符串的任何字典(如 {"fibs1": fibs1, ...})

查看运行结果：

```
VALID fibs1 @ @ @@ @@@ @@@@@ @@@@@@@@
VALID fibs2 @ @ @@ @@@ @@@@@
VALID lucas1 @@ @ @@@ @@@@ @@@@@@@ @@@@@@@@@@@
VALID lucas2 @@@ @ @@@@ @@@@@ @@@@@@@@ @@@@@@@@@@@@@
INVALID wrong1 @ @ @@@ @@@@ @@@@@@@ @@@@@@@@@@@
INVALID wrong2 @ @ @@ @@@ @@@@ @@@@@@@
INVALID wrong3 @ @ @@@ @@@@ @@@@@
```

这个"解决方案"确实使用了一些超出正则表达式本身的 Python 代码。
问题在于，如果你只考虑了完整字符串，则 wrong3 会匹配错误。它的序列是
1、1、2、4、6；由于 pat 一次获取两个"数字"，因此只检查 1+1 是否等
于 2，以及 2+4 是否等于 6。这个单一匹配没有检查 1+2 是否等于 4。通过
检查完整序列和序列的尾部(不包括第一个数字)，我们检查了所有内容。

虽然以 Python 为导向的 seq.split(" ", 1)[1]是某种秘技，但我们也可以正
则表达式为导向，为此将创建两个模式，其中第二个模式获取任何初始数字，
但仅计量并查找尾部。该方法的详细信息留给读者自行探究。

AI 想法　**自然界的分形几何**

我想，要给 AI 编程工具提供任何机会，我应该简化为仅询问斐波那契数
列而不是整个 Lucas 序列。我问 ChatGPT：

> 使用对数字的相同编码，其中重复 N 次@符号表示数字 N ，请编写一个
> 正则表达式，以检测某序列是不是斐波那契数列的开头。

一般来说，ChatGPT 会给出某些回答，即使它完全没有意义。例如，虽
然完全超出了本书的范围，但我已经要求 ChatGPT 编写关于我的维基百科文
章和简历(即"David Mertz，Python 程序员等")。我之前看过其他人做了同样
的事情。结果看起来极为逼真，编写水平较高。换句话说，这就是 Stephen
Colbert 开玩笑地称为"真相"的东西("看起来极为逼真"，但不关心实际准
确性)。此外，ChatGPT 编写的几个描述我本人的事实是正确的(因为我的名字
确实出现在其训练语料库中)。但是，其他所谓的事实则是胡说八道，但非常
适合出现在简历中。例如，我确实上过大学，读过研究生；只是不在 ChatGPT
所编写的地点(但它选择了真实存在的学校)。

它对这个提示语的回答如下。

ChatGPT 响应

下列正则表达可以检测给定字符串是否代表斐波那契数列的开头：

`^@(?: @(?!.*@.*@) | @{3,}(?!.*@.*@))*$`

说明：

- ^ 和 $ 分别将正则表达式锚定到字符串的开头和结尾。
- @匹配字符@。
- (?:...) 是一个非捕获组，意味着它将一组模式分组在一起，但不将匹配的文本作为单独的组捕获。
- @(?!.@.@)是一个正向先行断言。它匹配单个@字符，当且仅当其在该字符串的任何位置没有后跟两个@字符。
- @{3,}(?!.@.@)匹配三个或更多个@字符，当且仅当其在字符串的任何位置没有后跟两个@字符。
- 非捕获组之后的*表示前面的模式(在本例中为@(?!.*@.*@)| @{3,}(?!.*@.*@))可以匹配零次或多次。

该正则表达式将匹配以@字符开头的字符串，其后跟出现 0 次或多次的字符串：要么单个@字符没有后跟两个@字符，要么三个或更多@字符没有后跟两个@字符。这将匹配表示斐波那契数列开头的字符串。

这个"解释"在分段解释方面部分正确。例如，将@(?!.@.@)描述为正向先行断言时并不完全正确。实际上，它是一个简单的字符匹配，后面跟着一个负向先行断言。其余大部分分段解释都是正确的。

但总体上很难理解整个正则表达式。基本上是胡言乱语，但是对于复杂正则表达式"看起来合理"。很可能正则表达式已经超出了作者的心理承受能力，但是我无法想到它会匹配除@ @ @(或空格后跟任意数量的额外@字符)之外的任何内容。

对我来说，AI 的这种"即使是胡言乱语，只要回答就好"的努力非常类似于我提到的"合理但无意义"的简历情况。如果读者可以想到 ChatGPT 的正则表达式可能匹配的任何其他模式，欢迎给我发电子邮件。无论如何，它肯定不会包括任何类似斐波那契数列的内容。

难题 23　匹配质数

概要： 匹配表示质数序列初始有限前缀的字符串。

在上一道难题中，我们能够使用正则表达式匹配类似于斐波那契数列的序列，这也许出乎我们意料。接下来，查看是否可以同样匹配质数序列。特别是，如果你能找到它，那么你的正则表达式只需要匹配升序的初始质数序列。

与前两个难题一样，我们使用许多连续的@符号编码数字序列，每个"数字"之间用空格分隔。例如：

```
primes4 = "@@ @@@ @@@@@ @@@@@@@ "              ◀━━━━━  匹配: 2357
primes5 = "@@ @@@ @@@@@ @@@@@@@ @@@@@@@@@@@ " ◀━ 匹配: 235711
fail1 = "@@ @@@ @@@@@@@ @@@@@@@@@@@ "          ◀━━━━━  不匹配: 23711
fail2 = "@@ @@@ @@@@ @@@@@ @@@@@@@ "           ◀━━━━━  不匹配: 23457
```

Eratosthenes 筛法是一种流传已久的算法，用于查找所有质数。在遍历所有自然数时，它"划掉"每个质数的每个倍数，从而仅留下质数。在紧凑的 Python 实现中，它如下所示(这可以变得更高效，但要使用更多代码)：

```python
def get_primes():
    "Simple lazy Sieve of Eratosthenes"
    candidate = 2
    found = []
    while True:
        if all(candidate % prime != 0 for prime in found):
            yield candidate
            found.append(candidate)
        candidate += 1
```

筛法的形式确实让人想起了我们在许多难题中使用的前行断言。请思考你是否可以使用正则表达式实现此操作(对于此难题，请不要考虑性能)。在查看讨论之前，请尝试找到一个正则表达式来匹配有效序列，或清楚地说明你为什么无法匹配。

作者想法　尊重算术基本定理

结果证明，这个难题也无法由正则表达式解决。表面看来，你将使用负向前行断言实现筛法等类似内容。也就是说，如果某个组匹配，例如(@@@)或(@+)，那么你应该能够反向引用到该组的重复。

假设这个假定组是数字 7。这种情况下，负向前行断言，如(?! \7{2,})，将精确说明此后字符串中不会出现连续的@符号，其计数是先前匹配组中的数字的倍数。这听起来很像筛法的工作方式。

负向前行断言确实是一种强大而有用的技术。实际上，你完全可以实现一个部分筛法防止所有前 N 个质数的倍数出现在候选字符串中。问题是，根据定义，正则表达式只能有有限数量的匹配组。也就是说，正则表达式是一种表达有限状态机的方法。确切的最大组数可能因正则表达式引擎而异；在 Python 标准库 re 模块中为 100，在第三方 regex 模块中为 500，在其他编程语言或库中为其他数。但它始终是一个有限数量。

要匹配初始质数的每个字符串，我们需要在过程中"删去"无限多的质数。对于每个其他顺序查找质数的算法，都会出现这个问题。确实存在直接的质数测试不需要迭代较小的质数，例如概率的 Miller-Rabin 测试[1]或确定性的 Agrawal-Kayal-Saxena 测试。然而，所有这些都需要数学计算，这在正则表达式中是不可能的。

AI 想法　有意义或无意义

显然，鉴于该问题无法解决，AI 编程工具将不会解决它。但是，它们却听起来对其非解决方案非常有信心：

> 使用相同的数字编码，其中 N 个重复的@符号表示数字 N，请编写一个正则表达式，以检测序列是否仅包含初始质数列表。例如，2 3 5 7 11 13 应该匹配，但 2 3 13 15 不应该匹配。

1　如果广义黎曼假设成立，则 Miller-Rabin 测试的某个版本可以变为具有确定性。

ChatGPT 响应

下列正则表达式可以检测给定字符串是否表示初始质数序列：

`^@(?: @(?!@) | @{3,}) (?: @(?!@| @{3,})) *$`

说明：

- ^和$分别将正则表达式锚定到字符串的开头和结尾。
- @匹配字符@。
- (？：…)是一个非捕获组，这意味着它将一组模式组合在一起，但不将匹配文本作为单独的组捕获。
- @(？！@)是正向前行断言。它匹配单个@字符，当且仅当其后没有另一个@字符。
- @ {3, }匹配三个或更多个@字符。
- (*?：@(？！@|@ {3, }))*是一个非捕获组，它匹配零个或多个空格后跟一个单独的@字符，该字符后不跟另一个@字符或三个或三个以上@字符。

该正则表达式将匹配的字符串以@字符开头，后跟零个或多个空格，再跟一个单独的@字符；该字符后不跟另一个@字符或三个或三个以上@字符。这将匹配包含初始质数列表的字符串。

　　与上一练习一样，一旦 ChatGPT 提供的内容没有意义，它就会在"说明"中混淆正向前行断言和负向前行断言等内容。大多数情况下，分段解释是正确的，这表明在用于训练的语料库中包括了对正则表达式各种基元的教程或解释。

　　很难确定是什么触发了此特定正则表达式，同样难以弄清它是否可以匹配除@ @ @(或是或多或少的单个@字符，用空格分隔)之外的任何内容。人们肯定希望这些 AI 编程工具具有某种过滤器，以便它们拒绝回答某些问题。某些情况下，ChatGPT 使用其通用的"对不起[...]，我是一个大型语言模型[...]"，或使用合理的内容过滤器："这一内容干扰性较强，不适合创建。除此之外我还能帮你做些什么？"

　　尽管很难确定使用 ChatGPT 作为 AI 编程工具是否有意义，但这一能力并非不可能创造。总的来说，如果模型对下一个单词(或至少是下一个合理长度的单词序列)的预测非常不确定，则回退到一个通用的"对不起"消息将比产生纯粹的胡言乱语更合适。在未直接了解专有架构细节的情况下，我认为在通用 Transformer 架构内，应该可以在 softmax 层之前执行某种阈值过滤。

难题 24　匹配相对质数

概要：匹配表示相对质数序列的字符串。

如果你读了上一道难题，你会了解到正则表达式无法匹配初始质数序列的原因。考虑一下有限自动机。如果你跳过了上个难题，请至少回顾一下 Eratosthenes 筛法。

数学中有一个相对质数的概念，它比质数略弱。所有质数都是相对质数，也称为互质。两个互质的数字只有一个公约数 1。这当然适用于质数；例如，11 和 53 是互质的，因为除其本身和 1 之外，没有其他除数。但同样，10 和 21 也是互质的，因为 10 的除数是 2 和 5，但 21 的除数是 3 和 7，它们不重叠。

因此，问题在于你是否可创建一个表达式，仅识别所有升序自然数的序列，其中所有数字都彼此互质。显然，任何升序质数序列都符合此处的要求，但其他序列也是如此。

与前三个难题一样，我们使用许多连续的@符号对数字序列进行编码，每个“数字”之间用空格分隔。例如：

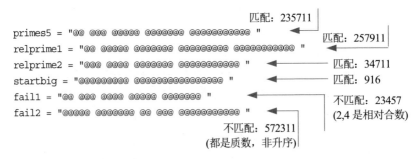

相对质数是否注定与质数情况相同？

作者想法　任何事情都没有是非对错之分，是思考使然

在此解决方案中需要考虑几个问题。事实证明，通过使用与 Eratosthenes 筛法非常相似但不完全相同的技术，确实可以得出解决方案。也就是说，与上一道难题同理，我们能够根据给定数字的未来倍数拒绝字符串。

诀窍在于，如果我们不假定字符串需要包含所有初始质数，就不需要拒绝无限多个。相反，可以一次只关注一个数字，并排除其倍数。我们可能会错过序列中的一些质数，或者有一些相对质数的合数。但这符合当前的难题。

但是，为了执行"删除"这一操作，还需要强制执行序列上升的规则。否则，我们可能遇到@@@@@@@@ @@@@ @@(即 8 4 2)等情况。它们绝对不是互质的。但是，"删除"8 的倍数无法帮助拒绝此后字符串中的 4。Python 仅允许固定长度的后行断言，但某些其他正则表达式实现在理论上可以放宽此升序序列限制(但是，这样的库将迅速面临灾难性的指数复杂性)：

```
^((@@+) (?=\2@)(?!.* \2{2,} ))+
```

这里，我们首先确定了具有两个或多个@符号的组。然后执行正向前行断言，以确保@符号的下一个组至少还有一个符号。

此处的关键是负向前行断言，即我们从未在之后看到(用空格分隔的)两个或多个组副本的序列。此模式不捕获序列中的最后一个"数字"，只用于回答序列是否匹配。

AI 想法　早餐前的六件不可能的事情

考虑到前两个难题，再提供一个使 AI 胡言乱语的例子没有意义。在"胡言乱语"模式下，当 ChatGPT 无法得出有意义的正则表达式时，ChatGPT 倾向于使用非捕获组和负向先行断言。

ChatGPT 得出的错误建议是：

```
^(?:@(?!@)(?: @(?!@))*)*$
```

然而，我很难给它的特定错误方式赋予太多意义。从最后几个失败中，我们所能获得的最大启示可以用一位引领人工智能革命的伟人的话来总结：

> 如果你不能用聪明才智使其倾倒，就用胡言乱语使其迷惑。

——W. C. Fields

第 **6** 章

结 论

由于 AI 编程工具在其响应和完成任务时常常表现得非常人性化，因此人们很容易将其拟人化，并假设 AI 编程工具对其编写的计算机程序和正则表达式拥有"心智模型"(无论正确与否)。

当然，这种想法是完全错误的。其中一个原因是，大型语言模型是通过硅介质和线性代数构建的，而不是通过神经元和轴突构建的。当今 AI 编程工具的 LLM 非常明确地不是"知识引擎"(某些情况下也称为"专家系统")。确实存在一种不同类型的计算机系统，其试图表示分类、本体论、推断规则和其他更接近"考虑问题"的元素。这些模型主要是 21 世纪初期的产物，但它们仍可能重回舞台。截至 2022 年底，AI 编程工具只是 LLM，而不是其他类型的模型。

LLM 无法将计算机程序理解为算法，它们只能认识到：大型代码库的语料库倾向于将特定单词和符号置于其他单词和符号的邻近范围内，并在这种结构关系中或多或少地禁止出现其他组合。无需实际的语用、语义甚至实际语法的基础表示，仅仅对人类编写的内容的结构进行建模，就可以如此真实地模拟人类，这令人惊讶甚至震惊。

我们可能意识到，我们的大脑所做的大多数事情都较为浅薄，因而感到恐惧。但与此同时，本书中的例子相当有说服力，甚至可以证明：人类至少有时会执行完全不同类型的概念推理，而不是完全结构性的推理。我无法判断本书中的例子是会解放你还是束缚你，但它们是 LLM 的现状。

当然，本书是在某个时间点写的。截至目前，AI 编程工具只是 LLM(基本上都是大型 Transformer 神经网络)。但明年或甚至下个月，其他聪明的科学家和开发人员可能想出将 LLM 与实际知识模型融合的方法，难以预测这些未来技术的能力。

我希望读者从中获得的一个启示是：当 AI 编程工具给出错误答案时，往往是由于向其提供的提示语本身就含糊不清。与人类交流时，大量细节被假定或省略，而未明确说明。大型语言模型有一定能力识别这些假设，但能力是有限的。如果这个事实最终迫使人类程序员在代码文档中变得更加明确，以便从 AI 编程工具中获得更好的结果，那么这个事实并不完全是坏事。最终也会有其他人阅读改进后的文档，并从中受益。

附录

学习使用正则表达式

正则表达式是一种描述文本中复杂模式的紧凑方式。你可以使用它们搜索模式，并在找到后以复杂方式修改模式。它们还可以用于启动取决于模式的编程操作。

正则表达式非常强大、富有表达力。因此，编写它们与编写其他任何复杂代码一样容易出错。最好的情况是能以简单方式解决简单问题；当问题不简单时，请考虑正则表达式。

在本附录中呈现示例时，正则表达式将用一对正斜杠括起来。sed、awk、Perl、JavaScript 等工具使用这种样式限定正则表达式。例如，示例可能显示：

```
/[A-Z]+(abc|xyz)*/
```

实际的正则表达式就是正斜杠之间的所有内容。许多示例将带有说明，显示一个正则表达式以及针对该表达式上的每个匹配项突出显示的文本。

这些工具的简洁样式没有用 Python 代码包围正则表达式，而只关注正则表达式本身，例如：

```
import re
pat = re.compile(r"[A-Z]+(abc_xyz)*")
results = re.match(pat, s)
```

哪些工具使用正则表达式？

许多工具将正则表达式作为其功能的一部分。以 UNIX 为导向的命令行工具，如 grep、sed 和 awk，大多数是处理正则表达式的封装器。许多文本编辑器允许基于正则表达式进行搜索和/或替换。许多编程语言，特别是 Ruby、JavaScript、Perl、Python 和 TCL 等脚本语言，将正则表达式构建为语言的核心。大多数命令行 shell(如 bash、zsh 或 Windows PowerShell)也允许受限制的正则表达式作为其命令语法的一部分。

使用正则表达式的不同工具之间在正则表达式语法上有一些变化。一些工具添加了不可用的增强功能。一般来说，对于最简单的情况，本教程将使用基于 grep 或 sed 的示例。对于一些更奇特的能力，将选择 Perl 或 Python 示例。大多数情况下，示例能在任何环境运行，但是也要检查你自己的工具的文档以获取语法变化和功能。

基础知识：在文本中匹配模式

我们首先解释说明文字、转义、特殊字符、通配符、分组、反向引用、字符类、补集运算符、交替和简单量化。

这可能看起来很繁杂，实际上你可以仅使用"基础知识"执行相当强大的操作。

文字字符

`/a/`

Mary had **a** little lamb.
And everywhere th**a**t Mary
went, the l**a**mb w**a**s sure
to go.

`/Mary/`

Mary had a little lamb.
And everywhere that **Mary**

> went, the lamb was sure
> to go.

　　由正则表达式匹配的最简单模式是一个文字字符或文字字符序列。目标文本恰好由这些字符组成，按列出的顺序排列的任何内容都将匹配。小写字符与其大写版本不相同，反之亦然。此外，正则表达式中的空格与目标中的文字空格匹配(这与大多数编程语言或命令行工具不同，其中空格分隔关键字)。

转义字符

`/.*/`

> **特殊字符(如.*)必须转义。**

`/\.\*/`

> **特殊字符(如.*)必须转义。**

　　在第二个例子中，只有 `.*` 被突出显示。正则表达式中有几个字符具有特殊含义。具有特殊含义的符号可以匹配，但你必须在其前面加上反斜杠字符(包括反斜杠字符本身：要在目标中匹配一个反斜杠，正则表达式应包含\\)。

定位特殊字符

`/^Mary/`

> **Mary** had a little lamb.
> And everywhere that Mary
> went, the lamb was sure
> to go.

`/Mary$/`

> Mary had a little lamb.
> And everywhere that **Mary**
> went, the lamb was sure
> to go.

几乎所有的正则表达式工具都使用两个特殊字符来标记一行的开头和结尾：脱字符(^)和美元符号($)，如果要匹配脱字符或美元符号作为文字字符，必须对其进行转义(即在前面加上反斜杠)。

脱字符和美元符号的一个有趣之处在于，它们匹配零宽度模式。也就是说，由脱字符或美元符号本身匹配的字符串长度为零(但正则表达式的其余部分仍可能依赖于零宽度匹配)。许多正则表达式工具提供另一种零宽度模式，用于匹配单词边界(\b)。单词可能由空格、制表符、换行符或其他字符(如空值)分隔；单词边界模式匹配实际的单词起始或结束点，而不是特定的空格字符。

"通配符"字符

`/.a/`

Mary **had** a little **la**mb.
And everywhere **tha**t **Ma**ry
went, the **la**mb **wa**s sure
to go.

在正则表达式中，句点可以代表任何字符。通常情况下，换行符并不包括在内，但大部分工具都有可选开关，可以强制包含换行符。在模式中使用句点是一种要求"某些东西"出现的方式，而不必决定具体是什么。

熟悉命令行"glob"通配符的用户将知道问号在命令掩码中充当"某个字符"。但在正则表达式中，问号具有不同含义，而句点则用作通配符。

分组正则表达式

`/(Mary)( )(had)/`

Mary had a little lamb.
And everywhere that Mary
went, the lamb was sure
to go.

正则表达式中可包含文字字符和零宽度定位模式。每个文字字符或定位模式都是正则表达式中的一个原子。你还可将几个原子组合成一个小型正则表达式，该正则表达式是更大正则表达式的一部分。有人可能倾向于将这样的分组称为"分子"，但通常也称为"原子"。

在旧的面向 UNIX 的工具(如 grep)中,子表达式必须用转义括号进行分组,如/ \(Mary\)。在 Perl、Python、Ruby、JavaScript、Julia、Rust、Go 和大多数最新工具(包括 egrep)中,分组用裸括号进行,但匹配文字括号需要在模式中对其进行转义(旁边的示例遵循 Perl)。

使用分组进行反向引用

前面的示例展示了匹配组,但其本身并不影响匹配的文本。当组用作替换的反向引用时,它们变得相关:

```
s/(Mary)( )(had)/\1\2ate/
```

Mary **ate** a little lamb.
And everywhere that Mary
went, the lamb was sure
to go.

组 1 和组 2(Mary 和一个空格)在替换中被引用,但组 3 没有被引用,而替换则添加了字符串 ate。

字符类

```
/[a-z]a/
```

Mary **ha**d a little **la**mb.
And everywhere t**ha**t Mary
went, the **la**mb **wa**s sure
to go.

你可在正则表达式中包含一个模式,使其匹配任意一组字符,而不仅是单个字符。

可将一组字符作为简单列表给出,写在方括号内,例如,/[aeiou]/将匹配任何一个小写元音字母。对于字母或数字范围,也可仅使用范围的第一个和最后一个字母,中间用连字符连接,例如,/[A-Ma-m]/将匹配字母表前半部分中的任何一个小写或大写字母。

许多正则表达式工具还提供了最常用字符类的转义快捷方式,例如\s 表示空白字符,\d 表示数字。你总是可使用方括号定义这些字符类,但这些快捷方式可使正则表达式更加简洁和易读。

补集运算符

`/[^a-z]a/`

> **Ma**ry had a little lamb.
> And everywhere that **Ma**ry
> went, the lamb was sure
> to go.

脱字符在正则表达式中实际上可以有两个不同的含义。大多数情况下，它表示匹配行开头的零长度模式。但是，如果它用于字符类的开头，会反转字符类的含义。匹配所有未包含在列出的字符集中的内容。

为了比较，我们可将行开头含义与补集含义相结合：

`/^[^a-z][a-z]/`

> **Ma**ry had a little lamb.
> **An**d everywhere that Mary
> went, the lamb was sure
> to go.

这里，以小写 ASCII 字母以外的其他字符(大写字母)开头的行，以及随后的一个小写字母被匹配。

模式交替

`/cat|dog|bird/`

> The pet store sold **cat**s, **dog**s, and **bird**s.

在接下来的几个示例中，"＃"只是一个普通字符，没有正则表达式的特殊含义。可以替换为其他标点符号或字母字符来说明相同的概念。

`/=first|second=/`

> **=first** first= # =second **second=** # **=first=** # **=second=**

`/(=)(first)|(second)(=)/`

> **=first** first= # =second **second=** # **=first=** # **=second=**

```
/=(first|second)=/
```

=first first= # =second second= # **=first=** # **=second=**

使用字符类可以表示发生在特定位置的某件事。但是，如果要指定在正则表达式中的某个位置发生两个完整子表达式中的任何一个，该怎么办？为此，你使用交替运算符，即垂直线"|"。这个符号也用于表示大多数命令行 shell 中的流程，有时被称为管道字符。

正则表达式中的管道字符表示在其周围的组中的所有内容之间的交替。这意味着即使管道字符的左侧和右侧有多个组，交替也会贪婪地要求两侧的所有内容。要选择交替的范围，你必须定义一个包含可能匹配的模式的组。这些示例说明了这样的情况。

基本抽象量词

```
/X(a#a)*X/
```

Match with zero in the middle: XX Subexpresion occurs, but: Xa#aABCX Lots of occurrences: **Xa#aa#aa#aa#aX** Must repeat entire pattern: Xa#aa#a#aa#aX

使用正则表达式可以做的最强大和常见的事情之一是，指定一个原子在完整的正则表达式中出现的次数。有时你想指定有关单个字符出现的某些内容，但很多时候你会对指定字符类或分组子表达式的出现感兴趣。

"基本"正则表达式语法中只包括一个量词符号，即星号*；在英语中，这意味着"一些或没有"或"零或多个"。如果要指定任意数量的原子可以作为模式的一部分出现，请在该原子后面加上星号。

如果没有量词符号，分组表达式则实际上没有什么用处，但一旦可向子表达式添加量词，就可谈论有关子表达式作为整体出现的一些内容。

中级：在文本中匹配模式

对于中级主题，我们转向其他量词符号(包括数字量词符号)，还将介绍反向引用以及准确地完善你的正则表达式所需的良好习惯和特殊技巧。

更抽象的量词符号

```
/A+B*C?D/
```

> **AAAD**
> **ABBBBCD**
> BBBCD
> ABCCD
> AAABBBC

在某种程度上，原子后面没有任何量词符号，但仍然量化原子：它表示原子恰好出现一次。扩展正则表达式(大多数工具都支持)向"正好一次"和"零次或多次"添加了其他几个有用的数字。加号+表示"一次或多次"，问号?表示"零次或一次"。这些量词符号是最常命名的枚举。

如果仔细思考，会发现扩展的正则表达式实际上并没有让你"说出"任何未被表达的基本内容。它们只是促使你以更短、更可读的方式表达。例如，(ABC)+等同于(ABC)(ABC)*；而 X(ABC)?Y 等同于 XABCY|XY。如果被量化的原子本身是复杂的分组子表达式，则问号和加号可使其变得更简短。

数字量词符号

```
/a{5} b{,6} c{4,8}/
```

> **aaaaa bbbbb ccccc**
> aaa bbb ccc
> aaaaa bbbbbbbbbbbbbb ccccc

```
/a+ b{3,} c?/
```

> **aaaaa bbbbb ccccc**
> **aaa bbb ccc**
> **aaaaa bbbbbbbbbbbbbb ccccc**

```
/a{5} b{6,} c{4,8}/
```

> aaaaa bbbbb ccccc
> aaa bbb ccc
> **aaaaa bbbbbbbbbbbbbb ccccc**

通过扩展正则表达式，你可使用比问号、加号和星号更详细的语法来指定任意模式的出现次数。花括号"{"和"}"可以精确地确定你要查找的出现次数。

花括号限定符的最一般形式使用两个范围参数(第一个必须不大于第二个，两个都必须是非负整数)。通过这种方式指定出现次数，使其处于指定的最小值和最大值之间(包括极值)。任一参数都可留空；如果是这样，最小值/最大值分别指定为零/无穷大。如果只使用一个参数(其中没有逗号)，则精确匹配该数量的出现。

反向引用

```
/(abc|xyz) \1/
```

jkl abc xyz
jkl xyz abc
jkl **abc abc**
jkl **xyz xyz**

```
/(abc|xyz) (abc|xyz)/
```

jkl **abc xyz**
jkl **xyz abc**
jkl **abc abc**
jkl **xyz xyz**

创建搜索模式的一个强大选项是指定正则表达式中稍早匹配的子表达式在稍后的表达式中再次匹配。我们使用反向引用来实现这一点。反向引用用数字 1~9 命名，其前面加上反斜杠/转义字符。这些反向引用指的是匹配模式中的每个连续组，如/(one)(two)(three)/ \1\2\3/。在此例中，每个编号的反向引用都指向组，其单词对应于数字。

重要的是要注意示例所说明的内容。即使匹配字符串的模式可以匹配其他字符串，但反向引用匹配的是首次匹配的文字字符串。只在正则表达式中稍后重复相同的分组子表达式并不会匹配与使用反向引用相同的目标。

反向引用指的是在先前分组的表达式中发生的任何事情，按照这些分组的表达式出现的顺序排列。由于命名约定(\1-9)，许多工具限制你使用九个反向引用。一些工具允许实际命名反向引用和/或将其保存到程序变量中。本教程的更高级部分将涉及这些主题。

不要匹配太多

`/th.*s/`

I want to match **the words that s**tart
with 'th' and end with 's'.
this
thus
thistle
this line matches too much

正则表达式中的限定符是贪婪的。也就是说，它们会尽可能多地匹配。

在编写正则表达式时最容易犯的错误可能是匹配太多。当你使用限定符时，希望它匹配到你想要的位置之前的所有内容(正确类型)。但是，当使用*、+或数字限定符时，很容易忘记：你要查找的最后一位在一行中可能晚于你感兴趣的位出现。

约束匹配的技巧

`/th[^s]*./`

I want to match **the words that s**tart
with 'th' and end with 's'.
this
thus
thistle
this line matches too much

如果你发现自己的正则表达式匹配了太多内容，一个有用的方法是在头脑中重新制定问题。相比于"我要在后续的表达式中匹配什么？"，问问自己"我需要在下一个部分中避免匹配什么？"这通常会导致更简洁的模式匹配。通常避免出现模式的方法是使用补集运算符和字符类。查看示例，思考它的原理。

这里的诀窍在于，有两种不同的方式几乎可以构建相同序列。你可以认为要一直匹配到获得 XYZ，也可以认为要保持匹配，除非获得 XYZ。两者略有不同。

对于已经思考过基本概率的人，会出现相同的模式。在一次掷骰子中，掷出 6 的概率是 1/6。在六次掷骰子中掷出一次 6 的概率是多少？一种计算是 1/6 +

1/6 + 1/6 + 1/6 + 1/6 + 1/6，即 100%。当然这是错误的(毕竟在 12 次掷骰子之后的概率不是 200%)。正确的计算是"我如何避免连续六次掷出 6？"即 5/6×5/6×5/6×5/6×5/6×5/6，约 33%。获得 6 的概率与不避免它的概率相同(约为 66%)。实际上，如果你想记录一系列骰子掷出的情况，可将正则表达式应用于书面记录，类似的想法仍适用。

更好地限制匹配的技巧

`/\bth[a-z]*s\b/`

> I want to match the words that start
> with 'th' and end with 's'.
> **this**
> **thus**
> thistle
> **this** line matches too much

尽管上一节建议使用负字符类，但它仍然不能实现"匹配以 th 开头并以 s 结尾的单词"这一目标。它只比完全天真的方法稍微好一点。使用零宽度单词边界匹配可用于实现此目的。

对修改工具的评论

并非使用正则表达式的所有工具都允许你修改目标字符串。有些仅定位匹配的模式；最广泛使用的正则表达式工具可能是 grep，这是一个仅用于搜索的工具。例如，文本编辑器可能允许或不允许在其正则表达式搜索功能中进行替换。像往常一样，请查看你个人工具的文档。

允许你修改目标文本的工具中，有一些差异要记住。指定替换的方式将因工具而异：文本编辑器可能有一个对话框；命令行工具将在匹配和替换之间使用分隔符，编程语言通常会调用带有匹配和替换模式参数的函数。

另一个需要记住的重要区别是修改的内容。面向 UNIX 的命令行工具通常会使用 pip 和 STDOUT 更改缓冲区，而不是直接修改文件。例如，使用 sed 命令会将修改写入控制台，但不会更改原始目标文件(GNU sed 添加了--in-place)。文本编辑器或编程语言更可能直接修改文件。

关于修改示例的说明

在本教程中，示例将继续使用 sed 样式的斜线分隔符。具体而言，示例将指示替换命令和全局修饰符，如 s/this/that/g。这个表达式的意思是：在目标文本中用字符串 that 替换字符串 this。

示例将包括修改命令、输入行和输出行。输出行将强调任何更改。此外，每个输入/输出行都将以小于或大于符号开头以帮助区分它们(也将按照描述的顺序排序)，这暗示了 UNIX shell 中的重定向符号和某些 diff 输出样式。

一个文字字符串修改示例

```
s/cat/dog/g
```

< The zoo had wild dogs, bobcats, lions, and other wild cats.
> The zoo had wild dogs, bob**dogs**, lions, and other wild **dogs**.

基于我们所介绍的内容，查看一些修改示例。此例只是将一些文字替换为其他文字。许多工具的搜索和替换功能都可以做到这一点，甚至不需要使用正则表达式。

模式匹配修改示例

```
s/cat|dog/snake/g
```

< The zoo had wild dogs, bobcats, lions, and other wild cats.
> The zoo had wild **snakes**, bob**snakes**, lions, and other wild **snakes**.

```
s/[a-z]+i[a-z]*/nice/g
```

< The zoo had wild dogs, bobcats, lions, and other wild cats.
> The zoo had **nice** dogs, bobcats, nice, and other nice cats.

大多数情况下，如果你使用正则表达式修改目标文本，你会希望匹配比文字字符串更通用的模式。无论匹配了什么，都会被替换(即使它是目标中的几个不同字符串)。

使用反向引用进行修改

```
s/([A-Z])([0-9]{2,4}) /\2:\1 /g
```

```
< A37 B4 C107 D54112 E1103 XXX
> 37:A B4 107:C D54112 1103:E XXX
```

能够在目标文本中出现模式的每个地方插入一个固定的字符串是很好的。但坦白地说，这样做并不太关注上下文。很多时候，我们不仅想要插入固定字符串，而是想要插入与匹配模式更相关的内容。幸运的是，反向引用可用于实现此目的。你可在模式匹配本身中使用反向引用，但是在替换模式中使用它们将更为有益。通过使用替换反向引用，你可从匹配的模式中挑选出你感兴趣的部分。

为增强可读性，子表达式使用裸括号(与 Perl 一样)分组，而不是使用转义括号(与 sed 一样)。

关于不匹配的另一个警告

本教程已经警告过使用正则表达式模式匹配太多内容的危险。但是，当你进行修改时，危险要严重得多，因此此处进行重申。如果你替换了一个比你在编写模式时想到的更大的字符串匹配模式，则可能已经从目标中删除了一些重要数据。

在多样化的目标数据上尝试你的正则表达式始终是一个好主意，这些数据代表了你的生产使用情况。确保匹配与你的想法相符。一个偏离的量词或通配符可使许多不同的文本匹配你认为是特定模式的内容。有时，即使你看到了匹配项，你仍然必须盯着模式仔细看一段时间或求助他人，才能弄清楚实际发生了什么。熟悉可能导致变得麻痹，但也能培养能力。

高级：正则表达式扩展

在正则表达式的密集语言中，隐藏着许多非常复杂的表达你希望匹配内容的方式。这些包括非贪婪量词、原子组和所属量词、前行-后行断言，还有反向引用和正则表达式的冗长(并且更易读)格式。

关于高级功能

一些正则表达式工具包含一些非常有用的增强功能。这些增强功能通常更易于组合和维护正则表达式。但请检查你自己的工具以查看支持的内容。

编程语言 Perl 可能是最复杂的正则表达式处理工具，这解释了它以前的流行程度。示例使用 Perl 风格的代码来解释概念。其他编程语言，尤其是其他脚本语言(如 Python)，具有类似范围的增强功能。但是，为进行说明，Perl 的语法最接近它构建的正则表达式工具，如 ed、ex、grep、sed 和 awk。

非贪婪量词

```
/th.*s/
```

I want to match **the words that s**tart
wi**th 'th' and end with 's'**.
thi**s**
thu**s**
thistle
this line matches too much

相反，非贪婪版本是：

```
/th.*?s/
```

I want to match **the words that s**tart
wi**th 'th' and end with 's'**.
thi**s**
thu**s**
thistle
this line matches too much

本教程的前一部分讨论过匹配过多的问题，并提出了一些解决方法。一些正则表达式工具足够好，可以通过提供可选的非贪婪量词来简化此过程。这些量词尽可能少地捕获，同时仍然匹配模式中的下一项内容(而不是尽可能多地匹配)。

非贪婪量词与正则贪婪量词具有相同的语法，只是在量词后面跟一个问号。例如，非贪婪模式可能看起来像：/A[A-Z]*?B/。用英语来说，这意味着"匹配一个 A，然后只匹配足以找到 B 的大写字母。"

需要注意的一个小细节是，模式[A-Z]*?./将始终匹配零个大写字母。如果你使用非贪婪量词，注意匹配过少的问题，即情况相反。

原子分组和独占量词

在 Python 3.11 中，标准库 re 模块获得了称为"原子分组"和"独占量词"的功能。第三方 Python 模块 regex 之前就有这些功能。此外，Python 在这方面稍微落后于 Java、PCRE、.NET、Perl、Boost 和 Ruby。这两个功能的总体目的是在部分匹配建立后避免回溯(某些情况下速度更快，也可更好地传达意图)。

```
/0*\d{3,}/
```

Integers greater than **100** (leading zeros permitted)
55 **00123 1234 0001 099 200**

```
/0*+\d{3,}/
```

Integers greater than **100** (leading zeros permitted)
55 **00123 1234** 0001 099 **200**

由于 0 和\d 都可匹配相同的字符，因此这两个量化模式会通过回溯，竞争抓取最长的子字符串。这需要使用独占量词*+才能得到正确答案。量词'++'、?+ 和{n，m}+具有类似含义，它们都基于基本量词。

```
(?>0*)\d{3,}
```

Integers greater than **100** (leading zeros permitted)
55 **00123 1234** 0001 099 **200**

原子分组是贪婪量词的更一般版本。它也"匹配一次然后停止"以避免回溯。然而，在一个原子组内的模式——与普通组、前行断言或非反向引用组一样——可以是任意复杂的，而不是由单个量词控制。

模式匹配修饰符

```
/M.*[ise]\b/
```

MAINE # **Massachusetts** # Colorado #
mississippi # **Missouri** # Minnesota #

```
/M.*[ise] /i
```

MAINE # **Massachusetts** # Colorado #
mississippi # Missouri # Minnesota #

我们在修改示例中已经看到了一个模式匹配修饰符：全局修饰符。实际上，在许多正则表达式工具中，我们应该对所有模式匹配使用 g 修饰符。如果没有 g，许多工具只会匹配目标中一行中模式的第一个出现。因此，这是一个有用的修饰符(但不一定总是要使用)。下面查看其他一些修饰符。

为便于记忆，可以记住 gismo 这个词(它甚至似乎很恰当)。最常见的修饰符是：

- g - 全局匹配
- i - 不区分大小写匹配
- s - 把字符串看作单行
- m - 把字符串看作多行
- o - 仅编译模式一次

o 选项是一种实现优化，不是真正的正则表达式问题(但它有助于助记)。单行选项允许通配符匹配换行符(否则不会)。多行选项导致^和$匹配目标中每一行的开头和结尾，而不仅是整个目标的开头/结尾(在 sed 或 grep 中，这是默认值)。不区分大小写选项忽略字母大小写的差异。

更改反向引用行为

```
s/([A-Z])(?:-[a-z]{3}-)([0-9]*)/\1\2/g
```

< A-xyz-37 # B:abcd:142 # C-wxy-66 # D-qrs-93
> **A37** # B:abcd:42 # C66 # D93

反向引用在替换模式中的作用非常强大；但是，如果我们有一个复杂的正则表达式，需要超过 9 个组，我们该怎么办？除了使用可用的反向引用名称之外，按顺序引用替换模式的各部分通常更易读。为处理这个问题，一些正则表达式工具允许"不进行反向引用的分组"。

一个不应被视为反向引用的组，在组的开头有一个问号冒号，例如(?:pattern)。实际上，即使在搜索模式本身中使用反向引用，你也可以使用此语法。

命名反向引用

```
import re
txt = "A-xyz-37 # B:abcd:142 # C-wxy-66 # D-qrs-93"
```

```
print(
    re.sub("(?P<prefix>[A-Z])(-[a-z]{3}-)(?P<id>[0-9]*)",
        "\g<prefix>\g<id>", txt)
)
```

> **A37** # B:abcd:42 # C66 # D93

Python 语言(和其他一些语言)提供了一种特别方便的语法，用于处理非常复杂的模式反向引用。你不仅可以对匹配的组编号进行操作，还可以为它们命名。

在 Python 中使用正则表达式的语法是标准的编程语言函数/调用方法样式，而不是 Perl 或 sed 样式的斜杠分隔符。检查你自己的工具，确定它是否支持此功能。

前行断言

```
s/([A-Z]-)(?=[a-z]{3})([a-z0-9]* )/\2\1/g
```

> < A-xyz37 # B-ab6142 # C-Wxy66 # D-qrs93　◀──　该行具有在打印时
> > **xyz37A**- # B-ab6142 # C-Wxy66 # **qrs93D**-　　　不可见的尾随空格

```
s/([A-Z]-)(?![a-z]{3})([a-z0-9]* )/\2\1/g
```

> < A-xyz37 # B-ab6142 # C-Wxy66 # D-qrs93
> > A-xyz37 # **ab6142B**- # Wxy66C- # D-qrs93

高级正则表达式工具的另一个技巧是"前行断言"。这与正则分组子表达式类似，只是前者实际上不抓取它们匹配的内容。使用前行断言有两个优点。一方面，前行断言的功能类似于未反向引用的组，即你可以匹配某些内容而不计入反向引用。然而，更重要的是，前行断言可以指定模式的下一个块具有特定的形式，但是让另一个子表达式实际抓取它(通常是为了反向引用子表达式)。

有两种前行断言：正向和负向。正向断言指定某些内容确实会接着出现，而负向断言指定某些内容确实不会接着出现。为了强调它们与非反向引用的组的联系，前行断言的语法是类似的：(?=pattern)表示正向断言，(?!pattern)表示负向断言。

后行断言

`/(?<=[AC])-[A-Za-z]+\d+/`

A-**xyz37** # B-ab6142 # C-**Wxy66** # D-qrs93

`/(?<![AC])-[A-Za-z]+\d+/`

A-xyz37 # B-**ab6142** # C-Wxy66 # D-**qrs93**

与前行断言类似，我们可以向后看，以指示模式必须以某个模式为前缀，但在匹配中不包括该前缀。由于实现原因，后行断言通常限于固定宽度的模式。

与前行断言一样，后行断言也可以是正向或负向的。因此，在字符串中可能是部分数字的情况下，我们首先想要突出显示以 A 或 C 开头的数字，然后排除以 A 或 C 开头的数字。注意，开头的字母即使是 B 或 D，仍不是匹配的一部分。

示例没有这样做，但我们可以使用组和反向引用来排除匹配中的前导连字符。

使正则表达式更易读

```
/                      # identify URLs within a text file
    (?<![="])          # do not match URLs in IMG tags like:
                       # <img src="http://mysite.com/mypic.png">
(http|ftp|gopher)      # make sure we find a resource type
        :\/\/          # ...followed by colon-slash-slash
    [^ \n\r]+          # stuff other than space, newline, tab
    (?=[\s\.,])        # followed by whitespace, period, comma
/
```

我的网站的 URL 是 **http://mysite.com/mydoc.html**。你也可访问 **ftp://yoursite.com/index.html** 来下载文件。

在后面的示例中，我们开始了解到正则表达式可以变得多么复杂。这些示例只是九牛一毛。使用正则表达可以做出一些几乎难以理解的事情(但仍然有用)。

　　一些更高级的正则表达式工具借助两个基本功能来阐明表达式。一是允许正则表达式跨多行(通过忽略尾随空格和换行符之类的空格)。二是允许在正则表达式中使用注释。有些工具允许你单独执行其中一种操作，但当情况变得复杂时，两者都要做！

　　给出的示例使用了 Perl 的扩展修饰符，以启用有注释的多行正则表达式。有关如何组成这些表达式的详细信息，请参阅你自己的工具文档。